EVELYN WINTERS

Le manuel d'avertissement de neige

Un guide pour se préparer et survivre aux tempêtes hivernales

Copyright © 2024 by Evelyn Winters

Tous droits réservés. Aucune partie de cette publication ne peut être reproduite, stockée ou transmise sous quelque forme ou par quelque moyen que ce soit, électronique, mécanique, photocopie, enregistrement, numérisation ou autre, sans l'autorisation écrite de l'éditeur. Il est illégal de copier ce livre, de le publier sur un site Web ou de le distribuer par tout autre moyen sans autorisation.

First edition

This book was professionally typeset on Reedsy.
Find out more at reedsy.com

Contents

I Part One

1 Avant-propos : L'importance de se préparer aux tempêtes... 3
  Une force avec laquelle il faut compter 3
  La préparation comme principe de sauvetage 4
  Le coût humain du manque de préparation 5
  Apprendre de l'histoire 5
  La communauté comme pierre angulaire de la préparation 6
  Outils et ressources modernes pour la préparation 6
  Préparation psychologique 7
  Un appel à l'action 8

2 Introduction : Comprendre les risques et les défis des... 9
  La nature des tempêtes hivernales 10
  Les risques immédiats des tempêtes hivernales 11
  Les défis plus vastes des tempêtes hivernales 12
  Populations vulnérables 13
  Défis psychologiques et émotionnels 15
  Le rôle du changement climatique 16
  Regarder vers l'avenir 16

3 Aperçu du livre : Un guide complet pour se préparer et... 17
  Le but du livre 18
  Une structure logique et pratique 19
  Thèmes centraux du livre 21
  Un accent sur la praticité 22
  S'adresser à des publics diversifiés 23

Le rôle de la technologie	23
Relier la connaissance et l'action	24
4 Partie 1 : Comprendre les tempêtes hivernales	25
La science des tempêtes hivernales : comprendre les conditions météorologiques et les risques	25
Les principes fondamentaux de la météo hivernale	26
Le rôle des systèmes météorologiques dans la formation des tempêtes hivernales	27
Les types de tempêtes hivernales	29
Influences géographiques et saisonnières	31
Risques associés aux tempêtes hivernales	32
L'impact des tempêtes hivernales sur la vie quotidienne : transports, communications et sécurité	33
Transports : les artères gelées de la civilisation	33
Communication : la fragilité de la connectivité moderne	38
Sécurité : faire face aux périls des tempêtes hivernales	41
5 Partie 2 : Se préparer aux tempêtes hivernales	46
Créer une trousse d'urgence pour la tempête hivernale : articles et fournitures essentiels	46
Pourquoi avez-vous besoin d'une trousse d'urgence pour les tempêtes hivernales	47
Éléments de base d'une trousse d'urgence en cas de tempête hivernale	48
Personnaliser votre trousse d'urgence	54
Préparer votre maison aux tempêtes hivernales : isolation, chauffage et mesures de sécurité	58
1. Isolation: La première ligne de défense	59
2. Systèmes de chauffage : assurer une chaleur fiable	62
3. Mesures de sécurité pour protéger votre maison et votre famille	65
4. Se préparer à un isolement prolongé	67
5. Préparation aux interruptions d'eau et de services publics	69
Construire un réseau de soutien : voisins, amis et famille	71

1. Pourquoi un réseau de soutien est important dans la préparation aux tempêtes hivernales — 72
2. Établir un réseau de soutien dans votre quartier — 72
3. Renforcer les liens avec les amis — 74
4. Compter sur sa famille pendant les tempêtes hivernales — 76
5. Outils et technologies pour créer un réseau de soutien — 78
6. Renforcer la résilience à long terme de votre réseau de soutien — 79

6 Partie 3 : Survivre aux tempêtes hivernales — 81

Rester en sécurité pendant une tempête hivernale : abri, nourriture et eau — 81
1. L'importance d'un abri pendant les tempêtes hivernales — 82
2. Rester au chaud sans électricité — 84
3. Sécurité alimentaire pendant les tempêtes hivernales — 85
4. Garantir l'accès à l'eau potable — 86
5. Maintenir le bien-être mental et émotionnel — 88
6. Scénarios d'urgence et réponses rapides — 89

Faire face aux tempêtes hivernales : sécurité des voyages et protocoles d'urgence — 90
1. Comprendre les dangers des voyages hivernaux — 91
2. Se préparer au voyage avant une tempête hivernale — 92
3. Conduire en toute sécurité pendant une tempête hivernale — 94
4. Naviguer à pied pendant une tempête hivernale — 96
5. Protocoles d'urgence pour les voyages hivernaux — 97
6. Sécurité des transports publics — 99
7. Rôle du soutien communautaire en matière de sécurité des déplacements hivernaux — 100

Gérer le stress et l'anxiété pendant une tempête hivernale : santé mentale et bien-être — 101
2. Se préparer au bilan émotionnel des tempêtes hivernales — 103
3. Gérer le stress pendant la tempête — 104
4. Soutenir les enfants et les adolescents — 106
5. Gérer le stress après la tempête — 107

6. Savoir quand demander de l'aide	108
7. Le rôle de la communauté dans le bien-être mental	109
8. Histoires personnelles et leçons apprises	110

7   Partie 4 : Récupération et reconstruction 112
Évaluer les dommages et prioriser les réparations : un guide étape par étape 112

1. Considérations immédiates en matière de sécurité	113
2. Effectuer une visite préliminaire	114
3. Documenter les dommages	116
4. Priorisation des réparations et des plans d'action	117
5. Inspections après réparation et entretien continu	119
6. Aspects émotionnels et psychologiques de la réparation de votre maison	120
7. Considérations à long terme pour renforcer votre maison	121

Reconstruction et rétablissement : soutien émotionnel et financier 124

1. Récupération émotionnelle après une tempête hivernale	124
2. Reprise financière et soutien après une tempête hivernale	127
3. Reprise et résilience à long terme	135

8   Leçons apprises : Réflexion sur l'expérience et préparation... 139

1. L'importance de la réflexion : comprendre le parcours émotionnel	140
2. Leçons apprises : identifier les informations clés	142
3. Se préparer aux futures tempêtes hivernales : appliquer les leçons apprises	145

9   Points clés à retenir du manuel d'avertissement de neige :... 153

Comprendre les risques et s'y préparer	153
L'importance de la santé mentale et du soutien communautaire	154
Rester en sécurité pendant la tempête	155
Récupération et reconstruction : évaluation des dommages et aller de l'avant	156
Réflexions finales : l'importance d'être préparé, de rester en sécurité et de se soutenir mutuellement	157

Préparation est la clé de la survie	157
La sécurité avant tout	157
Le pouvoir du soutien communautaire	158
10 Annexes	160
Annexe A : Liste de contrôle de la trousse d'urgence pour tempête hivernale	160
Fournitures de base pour la survie	160
Outils et fournitures pour la sécurité	163
Considérations spéciales	165
Annexe B : Conseils et rappels de sécurité en cas de tempête hivernale	166
Avant la tempête	166
Pendant la tempête	167
Après la tempête	169
Annexe C : Ressources pour une formation continue et un soutien	170
Ressources gouvernementales	170
Ressources non gouvernementales et locales	171
Livres et guides de préparation aux tempêtes hivernales	173
Ressources en ligne	174
Formation et certification en matière de sécurité contre les tempêtes hivernales	175
Ressources de récupération après une tempête hivernale	176

I
Part One

*À ceux qui me gardent au chaud et au chaud, même pendant les nuits d'hiver les plus froides. Merci pour votre amour et votre soutien. Ce livre vous est
dédié*

1

Avant-propos : L'importance de se préparer aux tempêtes hivernales

Les tempêtes hivernales font partie des forces naturelles les plus redoutables, capables de perturber des vies, de paralyser les villes et de mettre à l'épreuve la résilience humaine comme peu d'autres phénomènes naturels le peuvent. Ces tempêtes glaciales, chargées de neige, de grésil et de vents mordants, exigent respect et préparation de la part de ceux qui affrontent leur pouvoir implacable. Le but de cet avant-propos est de mettre en lumière l'importance cruciale de la préparation, de souligner les dangers potentiels de la négligence et d'inspirer un état d'esprit de vigilance et de proactivité face aux défis les plus féroces de l'hiver.

Une force avec laquelle il faut compter

Les tempêtes hivernales ne sont pas de simples inconvénients ; ce sont des événements qui comportent de graves risques pour la sécurité, la santé et les infrastructures. Chaque tempête raconte une histoire de la puissance inflexible de la nature, et ces histoires incluent souvent des histoires de difficultés et de survie. Les maisons recouvertes de neige peuvent sembler sereines sur les cartes postales, mais dans les coulisses, d'innombrables personnes sont aux prises avec des pannes de courant, des canalisations gelées et des routes dangereuses.

Pensez aux tempêtes sans précédent qui ont balayé des régions peu habituées aux rigueurs hivernales. Des régions du sud des États-Unis, par exemple, ont connu des tempêtes de verglas soudaines et dévastatrices, privant des millions de personnes d'électricité et de fournitures essentielles. Ces moments nous rappellent brutalement que peu importe où nous vivons, la préparation n'est pas facultative : elle est essentielle.

La préparation comme principe de sauvetage

La préparation n'est pas un luxe réservé aux personnes trop prudentes ; c'est un principe salvateur qui permet aux individus et aux communautés de résister aux tempêtes les plus violentes. Se préparer, c'est anticiper les défis, se doter d'outils et de connaissances et élaborer un plan qui minimise les risques et maximise la sécurité. L'idée n'est pas de craindre les tempêtes hivernales mais de respecter leur impact potentiel et d'y faire face en toute confiance.

Une préparation efficace implique une approche holistique, traitant non seulement des nécessités physiques comme la nourriture, l'eau et le chauffage, mais également des défis psychologiques liés à l'isolement et au stress qui peuvent survenir lors de tempêtes prolongées. La préparation transforme l'intimidant inconnu en une situation gérable, procurant un sentiment de contrôle au milieu du chaos.

Le coût humain du manque de préparation

Lorsque des tempêtes hivernales frappent, les conséquences d'une mauvaise préparation peuvent être désastreuses. L'hypothermie, les engelures, les intoxications au monoxyde de carbone dues à des méthodes de chauffage inappropriées et les accidents sur les routes verglacées font des victimes chaque année. De plus, les conséquences économiques du manque de préparation – allant des réparations coûteuses à la maison aux journées de travail manquées – peuvent peser sur les familles pendant des mois, voire des années.

Le manque de préparation met également à rude épreuve les intervenants d'urgence, qui sont souvent confrontés à des demandes écrasantes en cas de conditions météorologiques extrêmes. Les premiers intervenants peuvent être à bout de souffle, incapables d'atteindre toutes les personnes dans le besoin en temps opportun. Lorsque les individus et les ménages sont mieux préparés, non seulement ils se protègent, mais ils réduisent également la pression sur les ressources communautaires.

Apprendre de l'histoire

L'histoire regorge de leçons sur l'importance de la préparation. La « Tempête du siècle » de 1993, qui a balayé l'Est des États-Unis, en est un exemple frappant. Cette tempête massive a causé plus de 300 morts et laissé des millions de personnes sans électricité. Bon nombre de ces pertes auraient pu être atténuées grâce à une meilleure préparation, par exemple en assurant un approvisionnement en chauffage adéquat, en respectant les ordres d'évacuation et en évitant les déplacements inutiles.

De la même manière, la tempête hivernale de février 2021 au Texas a mis en lumière les conséquences dévastatrices d'infrastructures inadéquates et du manque de préparation des individus. Les pannes d'électricité et les pénuries d'eau généralisées ont révélé des vulnérabilités critiques, soulignant la nécessité d'améliorations systémiques et de préparation personnelle.

La communauté comme pierre angulaire de la préparation

La préparation n'est pas uniquement une entreprise individuelle ; c'est une responsabilité collective. Les communautés qui travaillent ensemble pour se préparer aux tempêtes hivernales s'en sortent souvent mieux que celles qui ne le font pas. Les voisins qui se surveillent mutuellement, partagent leurs ressources et offrent leur soutien incarnent la résilience qui peut faire la différence entre les difficultés et la sécurité.

Lors des hivers rigoureux, les centres communautaires, les églises et les écoles servent souvent d'abris chauffants et de centres de soutien. Ces efforts soulignent l'importance de l'action collective et de l'entraide face aux catastrophes naturelles. Lorsque les communautés se rassemblent, elles amplifient leur force et leur résilience, garantissant que personne ne soit laissé seul face à la tempête.

Outils et ressources modernes pour la préparation

Dans le monde d'aujourd'hui, nous avons accès à une multitude d'outils et de ressources qui peuvent nous aider à nous préparer aux tempêtes. Les prévisions météorologiques avancées fournissent des alertes précoces, donnant aux individus et aux communautés un temps précieux pour se préparer. Les applications et les sites Web offrent des mises à jour en temps réel sur les conditions de tempête, les pannes de courant et les services d'urgence, permettant ainsi aux gens de prendre des décisions éclairées.

L'essor des médias sociaux a également transformé la façon dont nous réagissons aux tempêtes hivernales. Des plateformes comme Twitter et Facebook permettent de diffuser rapidement des informations cruciales, depuis les fermetures de routes jusqu'aux conseils pour rester au chaud en cas de panne de courant. Cependant, l'abondance d'informations souligne également la nécessité de faire preuve de discernement et de s'appuyer sur des sources fiables.

Préparation psychologique

Bien qu'une grande partie de la préparation aux tempêtes hivernales se concentre sur les besoins physiques, il est tout aussi important de se préparer mentalement et émotionnellement. Les tempêtes hivernales peuvent isoler les individus pendant des jours ou des semaines, créant des sentiments de solitude, d'anxiété et d'impuissance. Ces effets psychologiques peuvent être aussi débilitants que les défis physiques.

Cultiver la résilience est un élément essentiel de la préparation aux tempêtes. Cela implique de maintenir un état d'esprit positif, de rester en contact avec ses proches et de participer à des activités qui procurent un sentiment de normalité. Des pratiques simples, comme tenir un journal ou participer à des exercices de pleine conscience, peuvent aider à gérer le stress et favoriser un sentiment de calme.

Un appel à l'action

La préparation aux tempêtes hivernales n'est pas simplement une tâche consistant à cocher une liste ; c'est un état d'esprit à cultiver, une habitude à adopter et une responsabilité à assumer. Il s'agit d'un appel à l'action lancé aux individus, aux familles et aux communautés pour qu'ils prennent les mesures nécessaires pour sauvegarder leur bien-être. Ce manuel sert de guide pour atteindre cet objectif, fournissant des conseils pratiques et des informations pour aider les lecteurs à comprendre les complexités de la préparation aux tempêtes hivernales.

L'avant-propos n'est pas seulement une introduction à un livre ; c'est une invitation à adopter une philosophie de préparation. En tournant les pages de ce manuel, laissez-vous inspirer par les histoires, les stratégies et les listes de contrôle pour agir, non pas par peur, mais par engagement en faveur de la sécurité et de la résilience. La prochaine tempête hivernale n'est pas une question de savoir si, mais quand. Faisons-y face ensemble, préparés et inébranlables.

Cet avant-propos rappelle que le pouvoir de la préparation s'étend au-delà de la survie ; il s'agit de prospérer face à l'adversité et d'en sortir plus fort, plus sage et plus uni. Les tempêtes hivernales arriveront, mais avec de la préparation, elles ne doivent pas nous laisser impuissants. Au lieu de cela, ils peuvent devenir des opportunités de démontrer notre résilience, notre ingéniosité et notre humanité. Que ce soit le début d'un voyage vers la préparation – un voyage qui commence par la compréhension, grandit avec l'action et culmine dans la confiance nécessaire pour affronter les tempêtes qui pourraient survenir.

2

Introduction : Comprendre les risques et les défis des tempêtes hivernales

L es tempêtes hivernales comptent parmi les phénomènes naturels les plus importants auxquels les humains soient confrontés. Bien qu'ils soient souvent beaux à voir, avec leurs couvertures immaculées de neige et de glace étincelante, leur apparence sereine cache les immenses risques qu'ils comportent. Ces tempêtes ont le pouvoir de perturber la vie quotidienne, de remettre en question les infrastructures et de mettre des vies en danger. Comprendre ces risques est la première étape pour se préparer et survivre aux défis qu'ils présentent.

Cette introduction approfondit les risques multiformes des tempêtes hivernales et les profonds défis qu'elles posent aux individus, aux communautés et aux sociétés dans leur ensemble. En examinant la nature de ces tempêtes, leurs impacts à grande échelle et les vulnérabilités sous-jacentes qu'elles exposent, nous pouvons mieux apprécier la nécessité de préparation et de résilience.

La nature des tempêtes hivernales

À la base, les tempêtes hivernales sont des événements météorologiques caractérisés par des températures froides, des précipitations sous forme de neige ou de glace et des vents souvent forts. Leur intensité varie de légères chutes de neige à de véritables blizzards qui immobilisent des régions entières. Chaque tempête apporte un ensemble unique de défis, en fonction de facteurs tels que la situation géographique, la durée de la tempête et la gravité des conditions météorologiques.

Les tempêtes hivernales sont alimentées par le choc de masses d'air chaud et humide avec de l'air froid et dense. Cette interaction crée un environnement dynamique dans lequel les précipitations se forment et tombent souvent sous forme de neige ou de grésil. Dans certains cas, de la pluie verglaçante se produit, recouvrant les surfaces d'une dangereuse couche de glace. Lorsqu'ils sont combinés à des vents forts, ces éléments peuvent créer des conditions de voile blanc, rendant les déplacements presque impossibles et augmentant le risque d'accidents.

La grande variété des tempêtes hivernales ajoute à leur complexité. Alors que certaines régions pourraient être confrontées à de fortes chutes de neige et à des températures inférieures à zéro, d'autres pourraient être confrontées à des tempêtes de verglas qui brisent les lignes électriques et rendent les routes impraticables. Cette variabilité souligne l'importance de comprendre les risques spécifiques associés aux différents types d'événements météorologiques hivernaux.

Les risques immédiats des tempêtes hivernales

1. Risques physiques

Les tempêtes hivernales présentent de nombreux dangers physiques qui menacent la sécurité et le bien-être. L'accumulation de neige et de glace peut créer des conditions dangereuses sur les routes et les trottoirs, augmentant considérablement le risque de glissades, de chutes et d'accidents de véhicules. La glace noire – une fine couche de glace presque invisible sur les routes – exacerbe encore le danger, prenant au dépourvu même les conducteurs les plus prudents.

Les vents forts accompagnant les tempêtes hivernales peuvent entraîner des risques supplémentaires, tels que la chute d'arbres et les débris volants. Dans des cas extrêmes, le poids de la neige accumulée sur les toits et les structures peut provoquer des effondrements, représentant une menace directe pour la vie humaine.

2. Hypothermie et engelures

L'exposition aux températures froides associées aux tempêtes hivernales peut entraîner une hypothermie, une condition potentiellement mortelle dans laquelle le corps perd de la chaleur plus rapidement qu'il ne peut la produire. Les engelures, un autre danger lié au froid, surviennent lorsque la peau et les tissus sous-jacents gèlent, entraînant des dommages permanents s'ils ne sont pas traités rapidement.

Le risque de ces conditions est particulièrement élevé pour les personnes sans abri ou vêtements adéquats, ainsi que pour celles bloquées à l'extérieur en raison d'une panne de véhicule ou d'autres urgences.

3. Pannes de courant

Les tempêtes hivernales provoquent fréquemment des pannes de courant en faisant tomber les lignes électriques en raison de fortes quantités de glace et de neige ou de vents violents qui endommagent les infrastructures. Sans électricité, les maisons perdent leur principale source de chaleur, rendant les résidents vulnérables au froid. Les pannes de courant perturbent également l'accès aux services essentiels, notamment les réseaux de communication et les soins médicaux, aggravant ainsi les défis rencontrés lors d'une tempête.

Les défis plus vastes des tempêtes hivernales

1. Perturbations des transports

Les transports sont l'un des premiers secteurs touchés par les tempêtes hivernales. Les aéroports, les chemins de fer et les autoroutes sont souvent paralysés à cause de la neige et de la glace qui rendent les déplacements dangereux. Cela perturbe non seulement les projets de voyage personnels, mais également la circulation des biens et des services, y compris les fournitures essentielles comme la nourriture et les médicaments.

Dans les zones urbaines, les chasse-neige et le sel de déneigement sont souvent utilisés pour lutter contre le verglas, mais la mise en œuvre de ces mesures peut prendre du temps, laissant de nombreuses routes impraticables entre-temps. Pour les communautés rurales disposant de moins de ressources, l'attente pour le déminage des routes peut être encore plus longue, isolant davantage les résidents lors de fortes tempêtes.

2. Impact économique

Les conséquences économiques des tempêtes hivernales sont considérables. Les entreprises peuvent être contraintes de fermer temporairement en raison de conditions dangereuses, entraînant une perte de revenus et de salaires. Pour les industries dépendantes du transport et des chaînes d'approvisionnement, les retards causés par les tempêtes hivernales peuvent entraîner des pertes financières importantes.

Sur le plan personnel, le coût de la réparation des dommages causés par la tempête – tels que des canalisations cassées, des effondrements de toit ou des accidents de véhicules – peut imposer un lourd fardeau aux familles, en particulier à celles qui ne disposent pas d'une assurance ou d'épargnes adéquates.

3. Pression sur les soins de santé

Les tempêtes hivernales exercent une pression considérable sur les systèmes de santé. Les blessures dues aux chutes, aux accidents et à l'exposition au froid augmentent souvent pendant les tempêtes, submergeant les salles d'urgence et les premiers intervenants. De plus, les personnes souffrant de problèmes de santé chroniques, tels que des maladies cardiaques ou des problèmes respiratoires, peuvent être confrontées à des risques accrus en raison de l'effort physique requis pour pelleter la neige ou du stress lié au froid extrême.

Les défis sont encore aggravés lorsque les pannes de courant perturbent le fonctionnement des équipements médicaux, tels que les concentrateurs d'oxygène ou les appareils de dialyse, exposant ainsi les populations vulnérables à un risque encore plus grand.

Populations vulnérables

Les tempêtes hivernales n'affectent pas tous les individus de la même manière. Certaines populations sont plus vulnérables aux risques et aux défis que ces tempêtes entraînent :

1. Personnes âgées

Les personnes âgées sont particulièrement sensibles au froid en raison d'une régulation thermique réduite du corps et de problèmes de santé sous-jacents. Les problèmes de mobilité peuvent également limiter leur capacité à évacuer ou à accéder aux fournitures nécessaires, augmentant ainsi leur dépendance à l'égard des soignants et du soutien communautaire.

2. Enfants

Les jeunes enfants sont moins capables de réguler leur température corporelle et courent donc un plus grand risque d'hypothermie et d'engelures. De plus, leur dépendance à l'égard des adultes pour les soins et la prise de décision les rend particulièrement vulnérables en cas d'urgence.

3. Familles à faible revenu

Pour les familles déjà en difficulté financière, les coûts associés à la préparation et au rétablissement en cas de tempête hivernale, comme l'achat de fournitures d'urgence, la réparation des dégâts causés par la tempête ou le paiement d'un chauffage alternatif, peuvent être prohibitifs. Ces barrières économiques peuvent les exposer davantage aux risques de la tempête.

4. Personnes sans abri

Sans accès à un abri, les personnes sans abri sont confrontées aux dangers les plus immédiats et les plus mortels lors des tempêtes hivernales. L'exposition à des températures glaciales peut rapidement conduire à l'hypothermie, et l'accès limité aux ressources fait de la survie un défi quotidien.

5. Communautés rurales

Les zones rurales sont souvent confrontées à des défis uniques lors des tempêtes hivernales, notamment des délais de réponse plus longs des services d'urgence, moins de ressources de déneigement et un plus grand isolement. Ces facteurs peuvent rendre plus difficile pour les résidents l'accès à l'aide lorsqu'ils en ont le plus besoin.

Défis psychologiques et émotionnels

Au-delà des risques physiques, les tempêtes hivernales présentent également des défis psychologiques et émotionnels qui peuvent nuire à la santé mentale. L'isolement prolongé, l'incertitude quant à la durée de la tempête et le stress lié à la gestion de ressources limitées peuvent entraîner des sentiments d'anxiété, de peur et de dépression.

Les enfants, en particulier, peuvent avoir du mal à comprendre la situation, ce qui aggrave leur stress et leur peur. Pour les adultes, la pression de subvenir aux besoins et de protéger leur famille pendant une tempête peut être écrasante, surtout lorsque les ressources sont rares ou que les conditions se détériorent de manière inattendue.

Renforcer la résilience psychologique est un aspect essentiel de la préparation aux tempêtes hivernales. Des stratégies telles que le maintien d'une communication régulière avec ses proches, la pratique de la pleine conscience et la concentration sur la résolution de problèmes peuvent aider les individus à faire face aux défis émotionnels liés à ces événements.

Le rôle du changement climatique

Ces dernières années, l'impact du changement climatique sur les tempêtes hivernales est devenu une considération de plus en plus importante. Bien que le réchauffement climatique puisse suggérer des hivers globalement plus doux, il conduit également à des conditions météorologiques plus extrêmes et imprévisibles.

Par exemple, des températures océaniques plus chaudes peuvent accroître l'intensité des tempêtes de neige en augmentant la quantité d'humidité dans l'atmosphère. De même, les perturbations du vortex polaire, résultant de changements dans les conditions atmosphériques, peuvent entraîner de graves épisodes de froid dans des régions peu habituées à de tels extrêmes.

Comprendre l'interaction entre le changement climatique et les tempêtes hivernales est crucial pour élaborer des stratégies efficaces visant à atténuer leur impact. Cela souligne également la nécessité d'une planification et d'investissements à long terme dans des infrastructures résilientes.

Regarder vers l'avenir

Les risques et les défis posés par les tempêtes hivernales sont indéniables, mais ils ne sont pas insurmontables. En reconnaissant les vulnérabilités qu'ils exposent et en prenant des mesures proactives pour y remédier, nous pouvons réduire leur impact et nous protéger, ainsi que nos familles et nos communautés.

Ce livre est conçu pour doter les lecteurs des connaissances et des outils dont ils ont besoin pour affronter les tempêtes hivernales en toute confiance. De la compréhension de la science derrière ces tempêtes à la création d'une solution d'urgence

3

Aperçu du livre : Un guide complet pour se préparer et survivre aux tempêtes hivernales

Les tempêtes hivernales représentent l'un des défis les plus redoutables que la nature puisse nous lancer. Leur intensité, leur imprévisibilité et leur capacité de perturbation généralisée en font une préoccupation majeure pour les individus, les familles, les communautés et même les gouvernements. « Le manuel d'avertissement de neige : un guide pour se préparer et survivre aux tempêtes hivernales » a été conçu comme une ressource complète conçue pour donner aux lecteurs les outils, les connaissances et les stratégies nécessaires pour faire face à ces tempêtes avec confiance et résilience.

Ce livre n'est pas seulement un recueil de conseils ou un guide de référence rapide. Il s'agit plutôt d'une feuille de route détaillée qui couvre tous les aspects de la préparation et de la survie aux tempêtes hivernales. De la compréhension de la science derrière ces événements naturels à la récupération après ces événements, il aborde les complexités de la navigation à travers l'un des phénomènes naturels les plus dangereux. Cet aperçu présente la structure du livre, son objectif et les thèmes critiques qu'il cherche à explorer.

Le but du livre

Le but premier de ce livre est de préparer les lecteurs à l'inévitable. Les tempêtes hivernales ne sont pas des événements isolés ; ils surviennent chaque année et touchent des millions de personnes dans le monde. Pour certains, ces tempêtes constituent un inconvénient mineur, tandis que pour d'autres, il s'agit d'urgences potentiellement mortelles. La différence réside souvent dans la préparation et les connaissances.

Ce guide cherche à combler le fossé entre l'incertitude et la préparation. Il fournit aux lecteurs des conseils pratiques, des étapes concrètes et des informations détaillées qui répondent aux défis immédiats et à long terme posés par les tempêtes hivernales. En favorisant un sentiment de préparation, le livre vise à réduire les risques associés à ces tempêtes et à aider les lecteurs à les surmonter avec un minimum de perturbations.

De plus, le livre souligne l'importance de la communauté et de la collaboration. Survivre à une tempête hivernale est rarement une entreprise solitaire : cela nécessite la coopération entre les membres de la famille, les voisins et la communauté au sens large. En mettant en lumière ces efforts collectifs, le livre cherche à inspirer un sentiment de solidarité et de responsabilité partagée.

Une structure logique et pratique

Le livre est divisé en plusieurs parties distinctes, chacune se concentrant sur un aspect spécifique de la préparation et de la survie aux tempêtes hivernales. Cette structure garantit que les lecteurs peuvent facilement naviguer dans le contenu, trouver les informations les plus adaptées à leurs besoins tout en acquérant une compréhension globale du sujet.

Partie 1 : Comprendre les tempêtes hivernales

Le voyage commence par une plongée approfondie dans la science et la nature des tempêtes hivernales. Cette section explore les forces météorologiques à l'origine de ces événements, aidant les lecteurs à comprendre pourquoi ils se produisent et ce qui les rend si dangereux. En démystifiant les conditions météorologiques qui conduisent aux blizzards, aux tempêtes de verglas et aux tempêtes de neige, le livre fournit une base pour une prise de décision éclairée.

Comprendre les différents types de tempêtes hivernales est essentiel pour une préparation efficace. Par exemple, les stratégies permettant de survivre à un blizzard diffèrent considérablement de celles permettant de survivre à une tempête de verglas. Cette section garantit que les lecteurs peuvent identifier et répondre de manière appropriée aux menaces spécifiques auxquelles ils sont confrontés.

Partie 2 : Se préparer aux tempêtes hivernales

La préparation est la pierre angulaire de la résilience, et cette section propose un guide complet pour se préparer aux tempêtes hivernales. Cela commence par les bases, comme assembler une trousse d'urgence contenant des articles essentiels comme de la nourriture, de l'eau et des fournitures de premiers secours. Les lecteurs apprendront également comment préparer leur maison à résister aux conditions météorologiques extrêmes, de l'isolation des tuyaux à la sécurisation des sources de chauffage d'appoint.

Au-delà des préparations physiques, cette section aborde l'importance de la planification et de la communication. Les lecteurs sont guidés tout au long du processus de création de plans d'urgence familiaux, d'identification d'emplacements sûrs et d'établissement de lignes de communication avec leurs proches et leurs voisins.

Partie 3 : Survivre aux tempêtes hivernales

Lorsqu'une tempête hivernale frappe, la survie devient la priorité immédiate. Cette section se concentre sur les actions et décisions nécessaires pour rester en sécurité pendant l'événement lui-même. Les sujets incluent la mise à l'abri sur place, la gestion de ressources limitées et le maintien de la sécurité personnelle dans des conditions extrêmes.

Une attention particulière est accordée à la résolution des problèmes liés aux pannes de courant, aux pénuries de nourriture et d'eau et à l'isolement. Le livre propose des conseils pratiques pour rester au chaud sans électricité, cuisiner en cas d'urgence et garantir l'accès à l'eau potable.

Pour ceux qui doivent voyager pendant une tempête, cette section fournit des lignes directrices sur la sécurité des véhicules, des kits d'urgence et ce qu'il faut faire en cas de blocage sur la route.

Partie 4 : Récupération et reconstruction

Les conséquences d'une tempête hivernale peuvent être tout aussi difficiles que la tempête elle-même. Cette section aborde les étapes nécessaires au rétablissement et à la reconstruction, de l'évaluation des dommages matériels à la restauration des services essentiels. Les lecteurs trouveront des conseils sur le dépôt de réclamations d'assurance, la réparation des dommages liés aux tempêtes et la recherche d'un soutien financier et émotionnel.

Cette section souligne également l'importance de la réflexion et de l'apprentissage. En analysant leurs expériences, les lecteurs peuvent identifier ce qui a fonctionné, ce qui n'a pas fonctionné, et comment ils peuvent améliorer leur préparation aux futures tempêtes.

Thèmes centraux du livre

Plusieurs thèmes centraux sont présents tout au long du livre, fournissant un cadre cohérent à son contenu :

1. La préparation, c'est le pouvoir

Ce livre souligne essentiellement l'idée selon laquelle la préparation est le moyen le plus efficace d'atténuer les risques de tempêtes hivernales. Du stockage de fournitures d'urgence à la fortification des maisons, chaque mesure prise à l'avance réduit la vulnérabilité et augmente la résilience.

2. La connaissance sauve des vies

Comprendre la nature des tempêtes hivernales et leurs impacts potentiels est un élément essentiel de la survie. Le livre vise à informer les lecteurs sur la science, les risques et les stratégies associés à ces événements, leur permettant ainsi de prendre des décisions éclairées lorsque cela compte le plus.

3. Questions communautaires

Si la préparation individuelle est vitale, le soutien de la communauté joue un rôle tout aussi important. Ce livre met en évidence l'importance de créer des réseaux, de favoriser la communication et de travailler ensemble pour faire face aux tempêtes et à leurs conséquences.

4. L'adaptabilité est la clé

Les tempêtes hivernales sont imprévisibles et aucune ne se ressemble. Le livre met l'accent sur l'importance de la flexibilité et de l'adaptabilité, encourageant les lecteurs à réfléchir de manière critique et à réagir aux conditions changeantes avec ingéniosité et résilience.

5. Espoir et résilience

Enfin, le livre cherche à inspirer l'espoir. Les tempêtes hivernales, bien que redoutables, peuvent survivre avec le bon état d'esprit et les bons outils. En mettant l'accent sur la résilience et le rétablissement, le livre rappelle aux lecteurs que même les tempêtes les plus difficiles peuvent être surmontées.

Un accent sur la praticité

L'une des caractéristiques déterminantes de ce livre est l'accent mis sur des conseils pratiques et exploitables. Tout en approfondissant la science et la psychologie des tempêtes hivernales, son objectif principal est de fournir aux lecteurs des outils et des stratégies tangibles.

Par exemple, les lecteurs trouveront des listes de contrôle détaillées pour les kits d'urgence, des guides étape par étape pour hiverner leur maison et des instructions claires pour naviguer dans les situations dangereuses. Ces ressources pratiques garantissent que le livre est non seulement informatif mais également directement applicable à des scénarios réels.

S'adresser à des publics diversifiés

Les tempêtes hivernales affectent des personnes de tous horizons, et ce livre est conçu pour répondre aux divers besoins de son public. Que les lecteurs soient des survivants chevronnés des tempêtes ou qu'ils rencontrent leur première chute de neige importante, ils trouveront des informations précieuses adaptées à leur situation particulière.

Une attention particulière est accordée aux populations vulnérables, notamment les enfants, les personnes âgées et les personnes handicapées. Le livre fournit des conseils spécifiques pour assurer leur sécurité et leur bien-être, reconnaissant que ces groupes sont souvent confrontés à des défis supplémentaires lors des tempêtes hivernales.

Le rôle de la technologie

À l'ère numérique d'aujourd'hui, la technologie joue un rôle crucial dans la préparation et la survie aux tempêtes hivernales. Ce livre explore les différents outils et ressources disponibles, des applications de suivi météorologique aux systèmes de maison intelligente qui surveillent la température et la consommation d'énergie.

Les lecteurs apprendront également comment rester connectés pendant les pannes de courant, accéder aux alertes d'urgence et tirer parti de la technologie pour se coordonner avec leurs proches et les services d'urgence.

Relier la connaissance et l'action

La véritable force de ce livre réside dans sa capacité à combler le fossé entre la connaissance et l'action. S'il est important de comprendre les tempêtes hivernales, la survie dépend en fin de compte de la prise des bonnes mesures au bon moment. En combinant des informations approfondies et des conseils pratiques, le livre garantit que les lecteurs sont non seulement informés mais également habilités à agir.

Un appel à l'action

Alors que les changements climatiques et les conditions météorologiques deviennent plus extrêmes, il est plus important que jamais de se préparer aux tempêtes hivernales. Ce livre sert à la fois de guide et d'appel à l'action, encourageant les lecteurs à prendre des mesures proactives pour se protéger et protéger leurs communautés.

Au moment où les lecteurs auront terminé ce livre, ils auront une compréhension globale des tempêtes hivernales et la confiance nécessaire pour y faire face. Qu'ils se préparent à la prochaine grande tempête ou qu'ils se remettent d'une tempête déjà passée, ce livre sera une ressource inestimable à chaque étape du processus.

Laissez le « Manuel d'avertissement de neige » être votre compagnon de confiance face aux défis hivernaux, transformant l'incertitude en préparation et la peur en résilience.

4

Partie 1 : Comprendre les tempêtes hivernales

La science des tempêtes hivernales : comprendre les conditions météorologiques et les risques

Les tempêtes hivernales comptent parmi les phénomènes naturels les plus complexes et les plus impressionnants, mêlant une interaction complexe de conditions atmosphériques, d'influences géographiques et de processus thermodynamiques. Comprendre la science derrière ces tempêtes est essentiel pour comprendre leur formation, prédire leur apparition et atténuer leurs risques. Ce chapitre se penche sur la mécanique des tempêtes hivernales, proposant une exploration détaillée des modèles météorologiques et des principes physiques qui régissent ces événements météorologiques violents.

Les principes fondamentaux de la météo hivernale

À la base, une tempête hivernale est provoquée par une combinaison d'air froid, d'humidité et d'instabilité atmosphérique. Ces éléments interagissent de manière unique pour produire de la neige, du grésil, de la pluie verglaçante et des vents puissants, caractéristiques des conditions hivernales rigoureuses.

1. Air froid : le fondement d'une tempête hivernale

L'air froid est une condition préalable aux tempêtes hivernales. Le processus commence lorsque les températures près du sol ou à des altitudes plus élevées descendent en dessous de zéro (32°F ou 0°C). Cet environnement froid permet aux précipitations de se former sous forme de neige ou de glace plutôt que de pluie.

Les masses d'air froid proviennent souvent des régions polaires et sont transportées vers le sud par des modèles de circulation atmosphérique à grande échelle, tels que le courant-jet polaire. Lorsque ces masses d'air froid interagissent avec de l'air plus chaud et humide provenant de latitudes plus basses, le décor est planté pour une tempête hivernale.

2. L'humidité : le carburant des précipitations

L'humidité est le deuxième ingrédient critique d'une tempête hivernale. Cette humidité provient généralement de grandes étendues d'eau, telles que les océans, les lacs et les mers. L'air chaud qui s'élève au-dessus de ces sources d'eau absorbe l'humidité, qui se condense en nuages lorsqu'elle rencontre de l'air plus froid.

Le type de précipitations qui se produisent (neige, grésil ou pluie verglaçante) dépend du profil vertical de température de l'atmosphère. Par exemple:

La neige se forme lorsque toute la colonne atmosphérique, depuis la base des nuages jusqu'au sol, est en dessous de zéro.

La neige fondue se produit lorsque les flocons de neige fondent partiellement lorsqu'ils tombent à travers une couche peu profonde d'air chaud avant de recongeler plus près de la surface.

La pluie verglaçante se produit lorsque la neige fond complètement en pluie dans une couche chaude et profonde, puis gèle au contact de surfaces froides.

3. Instabilité atmosphérique : le catalyseur du développement des tempêtes

L'instabilité atmosphérique se produit lorsque de l'air plus chaud est emprisonné sous de l'air plus froid, créant un déséquilibre qui entraîne une montée des courants d'air. Cette instabilité est souvent exacerbée par la présence d'un système basse pression, qui agit comme un vide, attirant l'air vers le haut et favorisant la formation de nuages et les précipitations.

Le rôle des systèmes météorologiques dans la formation des tempêtes hivernales

Les tempêtes hivernales sont fortement influencées par des systèmes météorologiques à grande échelle, notamment des systèmes dépressionnaires, des fronts froids et le courant-jet. Comprendre ces systèmes permet de comprendre comment les tempêtes se développent et pourquoi elles varient en intensité et en durée.

1. Systèmes basse pression

Les systèmes basse pression, également appelés cyclones, sont à l'origine de la plupart des tempêtes hivernales. Ces systèmes se forment lorsque l'air chaud monte, créant une zone de pression atmosphérique plus faible à la surface. L'air ambiant est aspiré dans cette zone de basse pression et, à mesure qu'il monte et se refroidit, il se condense en nuages et en précipitations.

En hiver, des systèmes dépressionnaires se forment souvent le long de la frontière entre l'air froid et sec du nord et l'air chaud et humide du sud. Cette limite, connue sous le nom de zone frontale, est un point chaud pour le développement des tempêtes.

2. Fronts froids et fronts chauds

Les fronts sont les zones de transition entre deux masses d'air de températures et de densités différentes.

Les fronts froids se produisent lorsque l'air froid progresse dans une région d'air plus chaud, forçant l'air chaud à monter rapidement. Ce soulèvement peut déclencher de fortes chutes de neige et des vents violents.

Les fronts chauds se forment lorsque l'air chaud avance au-dessus d'une masse d'air froid, entraînant une montée plus progressive de l'air chaud et des précipitations régulières.

L'interaction de ces fronts crée souvent un mélange de types de précipitations, en particulier dans les régions où l'air chaud en altitude recouvre l'air froid près de la surface.

3. Le courant-jet

Le courant-jet, un ruban d'air se déplaçant rapidement à haute altitude, joue un rôle crucial dans l'orientation des systèmes météorologiques et dans l'influence de leur intensité. En hiver, le courant-jet se déplace souvent vers le sud, amenant l'air froid de l'Arctique dans les régions tempérées.

La position et la force du jet stream peuvent déterminer la trajectoire et la gravité d'une tempête hivernale. Un courant-jet « plongeant », par exemple, peut créer un creux qui favorise le développement de systèmes de basse pression, conduisant à des tempêtes plus fortes et plus étendues.

Les types de tempêtes hivernales

Toutes les tempêtes hivernales ne se valent pas. Ils varient dans leur formation, leur durée et leur impact. Cette section explore les principaux types de tempêtes hivernales et leurs caractéristiques uniques.

1. Blizzard

Un blizzard est une violente tempête hivernale caractérisée par des vents forts (au moins 35 mph) et une visibilité réduite (moins de 1/4 de mile) en raison de la poudrerie. Les blizzards peuvent durer plusieurs heures, voire plusieurs jours, rendant les déplacements presque impossibles et créant des conditions potentiellement mortelles.

Les blizzards se produisent souvent lorsqu'un système dépressionnaire s'intensifie et aspire de l'air froid du nord tout en aspirant de l'air humide du sud. La combinaison de fortes chutes de neige et de vents violents qui en résulte crée des conditions de voile blanc qui sont la marque d'un blizzard.

2. Tempêtes de verglas

Les tempêtes de verglas sont des tempêtes hivernales qui produisent d'importantes accumulations de pluie verglaçante. Ces tempêtes se produisent lorsqu'une couche d'air chaud au-dessus de la surface fait fondre la neige en pluie, qui gèle ensuite au contact de surfaces froides.

Les tempêtes de verglas sont particulièrement dangereuses car elles peuvent provoquer des pannes de courant généralisées, endommager les infrastructures et créer des conditions de déplacement dangereuses. Le poids de la glace sur les arbres et les lignes électriques peut entraîner des dommages importants et des efforts de rétablissement prolongés.

3. Tempêtes de neige

Les tempêtes de neige sont des tempêtes hivernales qui produisent de fortes chutes de neige, souvent accompagnées de vents violents. Contrairement aux blizzards, les tempêtes de neige n'ont pas nécessairement le même niveau d'intensité du vent ou de réduction de la visibilité.

L'impact d'une tempête de neige dépend de facteurs tels que l'accumulation de neige, la température et le refroidissement éolien. La neige abondante et mouillée peut provoquer l'effondrement du toit et endommager les lignes électriques, tandis que la neige légère et pelucheuse peut entraîner une dérive et une visibilité réduite.

4. Nor'Easters

Les Nor'easters sont de puissantes tempêtes hivernales qui touchent l'est des États-Unis, en particulier le nord-est. Ces tempêtes tirent leur nom des forts vents du nord-est qu'elles apportent.

Les Nor'Easters se forment souvent le long de la côte Est lorsque l'air froid de l'Arctique entre en collision avec l'air chaud et humide de l'océan Atlantique. Elles peuvent produire de fortes chutes de neige, des vents violents et des inondations côtières, ce qui en fait l'une des tempêtes hivernales les plus percutantes.

Influences géographiques et saisonnières

La situation géographique et la période de l'année jouent un rôle important dans la détermination des caractéristiques et de l'impact des tempêtes hivernales.

1. Variations régionales

Différentes régions subissent différemment les tempêtes hivernales en raison des variations géographiques et climatiques. Par exemple:

Le Midwest connaît souvent des blizzards en raison de son terrain plat et de sa proximité avec les masses d'air arctiques.

Le nord-est est sujet aux vents du nord-est, qui apportent de fortes chutes de neige et des vents forts.

Le nord-ouest du Pacifique connaît de la neige mouillée et des conditions glaciales en raison de sa proximité avec l'océan.

2. Modèles saisonniers

Les tempêtes hivernales se produisent généralement entre la fin de l'automne et le début du printemps, avec un pic d'activité pendant les mois les plus froids (de décembre à février dans l'hémisphère nord). Le moment et la gravité des tempêtes sont influencés par des facteurs tels que la température de la surface de la mer, la couverture neigeuse et les modèles de circulation atmosphérique.

Risques associés aux tempêtes hivernales

Les tempêtes hivernales présentent un large éventail de risques, notamment des menaces pour la vie, les biens et les infrastructures.

1. Risques pour la santé et la sécurité

Hypothermie et engelures : Une exposition prolongée au froid peut entraîner des conditions potentiellement mortelles.

Accidents : Les routes glissantes et la mauvaise visibilité augmentent le risque d'accidents de véhicules et de chutes.

2. Dommages aux infrastructures et aux services publics

Pannes de courant : L'accumulation de glace et les vents violents peuvent endommager les lignes électriques et les sous-stations.

Perturbations des transports : La neige et la glace peuvent bloquer les routes, les aéroports et les voies ferrées.

3. Impact économique

Les tempêtes hivernales peuvent perturber le commerce, retarder les expéditions et augmenter les coûts de chauffage. Les entreprises peuvent subir des pertes en raison de fermetures et d'une activité réduite des consommateurs.

Comprendre la science des tempêtes hivernales est la première étape pour se préparer à leurs défis. En explorant les forces météorologiques, les systèmes météorologiques et les risques associés à ces tempêtes, ce chapitre jette les bases des stratégies pratiques abordées dans les chapitres suivants. Forts de ces connaissances, les lecteurs peuvent mieux anticiper, se préparer et réagir à la formidable puissance des tempêtes hivernales.

L'impact des tempêtes hivernales sur la vie quotidienne : transports, communications et sécurité

Les tempêtes hivernales comptent parmi les phénomènes naturels les plus perturbateurs et les plus imprévisibles, affectant presque toutes les facettes de la vie quotidienne. Ils ont une capacité unique à transformer l'ordinaire en extraordinaire, transformant des tâches simples telles que les déplacements domicile-travail ou le maintien de la communication en défis importants. Ce chapitre explore la manière dont les tempêtes hivernales affectent les systèmes de transport, les réseaux de communication et la sécurité globale, en approfondissant les nuances de ces perturbations et leurs effets en cascade. Grâce à cette optique, nous comprenons mieux l'importance de la préparation et de la résilience pour atténuer l'impact de ces conditions difficiles.

Transports : les artères gelées de la civilisation

Les transports constituent l'épine dorsale de la société moderne, facilitant les déplacements, le commerce et les services essentiels. Lors d'une tempête hivernale, ce réseau est gravement compromis, entraînant des perturbations généralisées.

Transport routier

La neige, la glace et la pluie verglaçante transforment les routes en sentiers périlleux où même les conducteurs les plus expérimentés peuvent avoir du mal.

- **Traction réduite :**

La neige et la glace réduisent la friction entre les pneus et la route, entraînant des dérapages, des accidents et l'incapacité de franchir même des pentes douces.

La glace noire, un danger presque invisible, se forme sur les surfaces ombragées ou non traitées, prenant les conducteurs par surprise et entraînant de graves collisions.

- **Problèmes de visibilité :**

Les conditions de voile blanc causées par de fortes chutes de neige ou de la poudrerie obscurcissent la route, ce qui rend difficile la reconnaissance des marquages routiers ou des autres véhicules.

Le brouillard qui accompagne souvent les tempêtes hivernales réduit encore davantage la visibilité, augmentant ainsi le risque d'accidents.

PARTIE 1 : COMPRENDRE LES TEMPÊTES HIVERNALES

- **Embouteillages et fermetures de circulation :**

Les autoroutes et les rues de la ville deviennent bloquées alors que les véhicules ont du mal à manœuvrer dans des conditions enneigées ou verglacées.

Les autorités pourraient fermer entièrement les routes critiques, isolant les communautés et retardant les services d'urgence.

Transports publics

Les systèmes de transport en commun, dont dépendent de nombreuses personnes pour leurs déplacements quotidiens, sont confrontés à des défis uniques lors des tempêtes hivernales.

- **Retards et annulations :**

Les voies enneigées et les lignes aériennes verglacées retardent les trains et les tramways.

Les bus ont souvent du mal à circuler dans les rues enneigées, ce qui entraîne des itinéraires annulés et des passagers frustrés.

- **Problèmes d'accessibilité :**

Les congères et le verglas rendent difficile l'accès des passagers, en particulier des personnes handicapées, aux arrêts de bus ou aux gares.

Les entrées gelées ou bloquées dans les métros et les centres de transit aggravent le problème.

Voyage aérien

Les aéroports sont des nœuds essentiels du réseau de transport mondial, mais ils sont très vulnérables aux tempêtes hivernales.

- **Fermetures de pistes :**

L'accumulation de neige et de glace sur les pistes rend les décollages et les atterrissages dangereux.

Le dégagement des pistes est un processus fastidieux qui retarde les vols et perturbe les horaires.

- **Les défis du dégivrage:**

Les avions doivent subir de nombreuses procédures de dégivrage avant de décoller, ce qui entraîne de longs retards et des problèmes logistiques.

- **Pression des passagers :**

Des milliers de voyageurs bloqués submergent les installations aéroportuaires lors des tempêtes, entraînant une surpopulation et un manque de ressources.

Les systèmes de traitement des bagages tombent souvent en panne sous la pression, aggravant les frustrations.

Transport maritime et de marchandises

L'impact des tempêtes hivernales s'étend aux voies navigables et aux chaînes d'approvisionnement.

- **Voies navigables gelées**:

La formation de glace peut bloquer les voies de navigation, retardant ainsi la circulation des marchandises.

Les ferries, qui servent souvent de bouée de sauvetage pour les communautés insulaires, peuvent suspendre leurs opérations en raison de la mer agitée et des ponts glacés.

- **Systèmes de fret perturbés :**

Les camions, trains et navires transportant des fournitures essentielles sont confrontés à des retards ou à des accidents, entraînant des pénuries dans les zones touchées.

Les perturbations de la chaîne d'approvisionnement peuvent avoir un effet en cascade, impactant les secteurs qui dépendent de la livraison juste à temps.

Communication : la fragilité de la connectivité moderne

À l'ère de la communication instantanée, pouvoir rester connecté est à la fois une nécessité et une attente. Les tempêtes hivernales exposent les vulnérabilités de ces systèmes.

Pannes de courant et dommages aux infrastructures

Les fortes chutes de neige, la glace et les vents violents détruisent les infrastructures électriques et de communication.

- **Lignes électriques tombées :**

L'accumulation de glace sur les lignes électriques ajoute un poids important, les faisant s'affaisser ou se briser.

Les chutes d'arbres, alourdies par la neige et la glace, coupent fréquemment ces lignes, laissant des quartiers entiers sans électricité ni communication.

- **Dommages aux tours cellulaires :**

Les vents violents et la pluie verglaçante peuvent endommager les tours de téléphonie cellulaire et perturber les réseaux mobiles.

Des pannes de courant prolongées rendent certaines tours inutilisables, coupant le service cellulaire aussi bien dans les zones rurales qu'urbaines.

- **Interruptions des satellites :**

La neige et la glace peuvent interférer avec les antennes paraboliques, perturbant ainsi les services de télévision et Internet.

Une forte couverture nuageuse réduit la puissance du signal satellite, en particulier pour les utilisateurs distants dépendants de l'Internet par satellite.

Communication des services d'urgence

Lors d'une tempête hivernale, une communication fiable est essentielle pour coordonner les interventions d'urgence.

- **Réseaux surchargés :**

Les volumes d'appels élevés pendant les tempêtes submergent souvent les réseaux mobiles et fixes, retardant ainsi les appels d'urgence.

Les réseaux Internet connaissent des ralentissements à mesure que les gens affluent en ligne pour obtenir des mises à jour, ce qui met encore plus à rude épreuve le système.

- **Systèmes de répartition interrompus :**

Les pannes de courant et les infrastructures endommagées peuvent perturber les systèmes de communication sur lesquels comptent les premiers intervenants.

Les retards dans l'acheminement de l'aide vers les zones touchées mettent des vies en danger, notamment en cas d'urgence médicale.

Diffusion de l'information publique

Des informations précises et opportunes sont essentielles pendant les tempêtes hivernales, mais plusieurs facteurs peuvent entraver leur diffusion.

- **Interruptions de diffusion :**

Les émissions de télévision et de radio peuvent être interrompues en raison de coupures de courant ou de difficultés techniques.

Les résidents ne disposant pas de sources d'alimentation de secours risquent de ne pas pouvoir accéder aux mises à jour.

- **Diffusion de fausses informations :**

Les réseaux sociaux peuvent amplifier les rumeurs ou les rapports non vérifiés, provoquant une panique ou une complaisance inutile.

L'absence d'informations claires et faisant autorité aggrave la situation.

Sécurité : faire face aux périls des tempêtes hivernales

Les risques pour la sécurité posés par les tempêtes hivernales sont multiples et affectent à la fois le bien-être physique et mental.

Risques physiques

Les tempêtes hivernales présentent une multitude de dangers physiques, tant à l'intérieur qu'à l'extérieur.

- **Hypothermie et engelures:**

Une exposition prolongée à des températures glaciales peut entraîner des conditions potentiellement mortelles telles que l'hypothermie.

Les engelures, qui peuvent survenir en quelques minutes en cas de froid intense, entraînent des lésions tissulaires permanentes si elles ne sont pas traitées.

- **Intoxication au monoxyde de carbone :**

Une mauvaise utilisation des générateurs ou des appareils de chauffage à l'intérieur augmente le risque d'accumulation de monoxyde de carbone.

Une mauvaise ventilation aggrave ce danger, en particulier lors de pannes de courant prolongées.

- **Glissades et chutes :**

Les trottoirs et les escaliers glacés entraînent des fractures, des entorses et des blessures à la tête.

Les congères peuvent masquer les dangers, augmentant ainsi la probabilité d'accidents.

Santé mentale et tension émotionnelle

L'isolement et l'incertitude causés par les tempêtes hivernales nuisent à la santé mentale.

- **Anxiété et stress :**

Les inquiétudes concernant la nourriture, la chaleur et la communication créent des niveaux de stress élevés.

L'imprévisibilité des tempêtes amplifie les sentiments d'impuissance.

- **Trouble affectif saisonnier (TAS) :**

La réduction des heures de clarté et le confinement à l'intérieur exacerbent les symptômes de la dépression.

Le manque d'interaction sociale lors de tempêtes prolongées aggrave le bien-être émotionnel.

Situations d'urgence

Les urgences liées aux tempêtes nécessitent une réponse rapide, qui peut être entravée par des conditions extrêmes.

- **Urgences médicales :**

Les ambulances peuvent être retardées ou incapables d'atteindre les patients en raison de routes bloquées.

Les hôpitaux sont confrontés à un afflux de blessures liées aux tempêtes, ce qui met à rude épreuve leurs ressources.

- **Incendies et effondrements de structures :**

Les systèmes de chauffage surchargés et la mauvaise utilisation des foyers augmentent les risques d'incendie.

Les toits et les bâtiments peuvent s'effondrer sous le poids de la neige abondante, mettant ainsi en danger les occupants.

Résilience et adaptation des communautés

Malgré les défis posés par les tempêtes hivernales, les communautés font preuve d'une résilience remarquable.

- **Actes de solidarité :**

Les voisins se réunissent pour partager des ressources, dégager les allées et aider les personnes âgées ou handicapées.

Les entreprises locales fournissent souvent un abri ou des fournitures à ceux qui en ont besoin.

- **Initiatives de préparation :**

Des ateliers communautaires sur la préparation aux tempêtes aident les résidents à rester en sécurité.

Les services publics investissent dans des équipements tels que des chasse-neige et des générateurs de secours pour renforcer la résilience.

L'impact des tempêtes hivernales sur les transports, les communications et la sécurité révèle les dépendances complexes de la vie moderne. Reconnaître ces vulnérabilités et prendre des mesures proactives peuvent atténuer les risques et améliorer la résilience. Que ce soit grâce à des infrastructures améliorées, à une planification d'urgence efficace ou à la solidarité communautaire, les leçons tirées de chaque tempête ouvrent la voie à un avenir plus sûr et mieux préparé.

5

Partie 2 : Se préparer aux tempêtes hivernales

Créer une trousse d'urgence pour la tempête hivernale : articles et fournitures essentiels

Lorsque des tempêtes hivernales frappent, la préparation peut faire la différence entre affronter la tempête en toute sécurité et affronter de graves difficultés. Une trousse d'urgence bien approvisionnée et soigneusement conçue est la pierre angulaire de la préparation aux tempêtes, fournissant les ressources nécessaires pour faire face à des périodes prolongées d'isolement, des pannes de courant ou d'autres défis. Ce chapitre fournira un guide complet pour créer une trousse d'urgence en cas de tempête hivernale, couvrant les articles essentiels, des recommandations de personnalisation et des stratégies pour garantir que votre trousse répond aux besoins uniques de votre foyer.

PARTIE 2 : SE PRÉPARER AUX TEMPÊTES HIVERNALES

Pourquoi avez-vous besoin d'une trousse d'urgence pour les tempêtes hivernales

L'objectif principal d'une trousse d'urgence en cas de tempête hivernale est d'assurer la survie et le confort lorsque les routines normales sont perturbées. Les tempêtes hivernales peuvent couper l'accès aux services essentiels, notamment l'électricité, le chauffage et les transports, et confiner les gens chez eux pendant des jours.

Scénarios clés abordés par un kit d'urgence :

Pannes de courant: Les tempêtes endommagent souvent les lignes électriques, laissant les ménages sans électricité pendant de longues périodes.

Mobilité limitée: De fortes chutes de neige ou des conditions glaciales peuvent rendre dangereux, voire impossible, les déplacements pour se ravitailler.

Perturbations de communication : Le manque d'accès au téléphone ou à Internet peut priver les gens de mises à jour critiques ou de la possibilité d'appeler à l'aide.

Une trousse d'urgence minimise ces risques en fournissant des outils, de la nourriture et d'autres éléments essentiels pour soutenir les individus et les familles pendant ces scénarios.

Éléments de base d'une trousse d'urgence en cas de tempête hivernale

Une trousse d'urgence efficace en cas de tempête hivernale comprend des articles qui répondent aux besoins fondamentaux : chaleur, nourriture, hydratation, communication et sécurité.

1. Chaleur et abri

Les températures froides sont l'un des aspects les plus dangereux des tempêtes hivernales. Votre kit doit inclure des articles pour maintenir la chaleur corporelle et créer un environnement sûr.

Couvertures et sacs de couchage :

Optez pour des couvertures thermiques ou de secours qui retiennent efficacement la chaleur.

Les sacs de couchage conçus pour les températures inférieures à zéro sont essentiels en cas de froid extrême.

Couches de vêtements :

Incluez des gants isolants, des chapeaux, des écharpes et des chaussettes thermiques.

Les couches extérieures imperméables protègent de la neige et de la glace.

Sources de chaleur portatives :

Les chauffe-mains et chauffe-pieds procurent un soulagement rapide du froid.

Les appareils de chauffage au propane ou au kérosène (uniquement s'ils sont sécuritaires pour une utilisation à l'intérieur) peuvent servir de sources de chaleur d'appoint.

Feuilles de plastique et ruban adhésif :

Ces matériaux peuvent être utilisés pour sceller les fenêtres et créer des espaces isolés au sein de votre maison.

2. Approvisionnement en nourriture et en eau

Une alimentation adéquate est essentielle en cas d'urgence, en particulier lorsque l'effort physique ou le stress augmentent les besoins caloriques.

Aliments non périssables :

Conserves (soupes, légumes, viandes) avec couvercles à ouverture facile ou ouvre-boîte manuel.

Des collations riches en énergie telles que des barres granola, des mélanges montagnards et des fruits secs.

Repas prêts à manger (MRE) pour les urgences prolongées.

Stockage de l'eau :

Au moins un gallon d'eau par personne et par jour pour la boisson et l'hygiène.

Tablettes ou filtres de purification d'eau au cas où les réserves stockées seraient épuisées.

Matériel de cuisine :

Un réchaud portable ou un gril de camping avec du carburant.

Batterie de cuisine et ustensiles légers.

3. Communication et éclairage

Rester informé et maintenir une visibilité pendant les pannes de courant est essentiel pour la sécurité et la tranquillité d'esprit.

Lampes de poche et lanternes :

Modèles fonctionnant sur batterie ou à manivelle avec une puissance longue durée.

Les lanternes LED fournissent une lumière vive et économe en énergie.

Piles supplémentaires:

Stockez une variété de tailles de batteries pour les lampes de poche, les radios et autres appareils.

Radio d'urgence :

Une radio météo NOAA avec une option à manivelle ou à énergie solaire garantit l'accès aux mises à jour sur les tempêtes.

Chargeurs de téléphones portables :

Les banques d'alimentation portables ou les chargeurs solaires maintiennent les appareils opérationnels.

4. Premiers soins et fournitures médicales

Les tempêtes peuvent retarder l'aide médicale, votre kit doit donc être équipé pour gérer les blessures et les problèmes de santé de base.

Trousse de secours:

Pansements, gaze, lingettes antiseptiques, ruban adhésif et ciseaux.

Analgésiques, antihistaminiques et médicaments anti-inflammatoires.

Médicaments sur ordonnance :

Un approvisionnement de 7 à 14 jours en médicaments essentiels.

Conservez une liste des prescriptions et des dosages pour une référence rapide.

Outils d'urgence :

Pincettes pour enlever les éclats ou les débris.

Un thermomètre pour surveiller la fièvre.

5. Outils et équipement

Les outils améliorent votre capacité à relever les défis domestiques pendant une tempête.

Multi-outil ou couteau suisse :

Compact et polyvalent pour diverses tâches.

Pelle et grattoir à glace :

Dégagez les chemins ou creusez les véhicules si nécessaire.

Cordes et élastiques :

Sécurisez les bâches, attachez les objets en vrac ou créez des abris de fortune.

Ruban adhésif :

Pour des réparations rapides et l'étanchéité des zones de courants d'air.

6. Hygiène et assainissement

Le maintien de l'hygiène est crucial pour la santé et le confort lors d'urgences prolongées.

Fournitures d'hygiène personnelle :

Brosses à dents, dentifrice, désinfectant pour les mains et lingettes humides.

Produits d'hygiène féminine et couches, si nécessaire.

Toilettes portatives :

Seaux avec couvercles hermétiques et sacs poubelles pour l'élimination des déchets.

Litière pour chat ou traitements chimiques pour contrôler les odeurs.

7. Articles divers

Quelques éléments supplémentaires peuvent améliorer considérablement votre capacité à faire face à une tempête.

Espèces:

Petits billets et pièces de monnaie pour acheter des fournitures si les systèmes de cartes sont en panne.

Documents importants :

Copies des pièces d'identité, des polices d'assurance et des coordonnées d'urgence dans un sac étanche.

Jeux et divertissements :

Des livres, des cartes ou des petits jeux pour passer le temps.

Fournitures pour animaux de compagnie :

De la nourriture, de l'eau et des médicaments pour vos animaux, ainsi que de la literie ou des supports de transport.

Personnaliser votre trousse d'urgence

Il n'y a pas deux foyers identiques et votre trousse d'urgence doit refléter les besoins uniques de votre famille.

Considérations familiales

- **Enfants:**

Incluez des collations, du lait maternisé, des couches et des articles de confort adaptés à l'âge comme des peluches ou des couvertures.

- **Membres âgés :**

Tenez compte des aides à la mobilité, des aides auditives avec piles supplémentaires et des besoins alimentaires spécialisés.

Facteurs environnementaux

- **Urbain ou rural :**

Les ménages ruraux peuvent avoir besoin de provisions plus importantes en raison de l'isolement prolongé pendant les tempêtes.

Les citadins devraient se concentrer sur des kits compacts adaptés aux petits espaces.

- **Météo régionale :**

Adaptez votre kit à la gravité et à la fréquence des tempêtes hivernales dans votre région.

Entretien et stockage de votre kit

Une trousse d'urgence n'est utile que si elle est correctement entretenue et facilement accessible.

Conseils de stockage

- **Emplacement:**

Rangez votre kit dans un endroit frais, sec et facile d'accès.

Envisagez des kits secondaires pour les véhicules ou les lieux de travail.

- **Conteneurs :**

Utilisez des bacs ou des sacs étanches pour protéger les fournitures de l'humidité.

Étiquetez clairement les contenants pour une identification rapide.

Mises à jour régulières

- **Contrôles d'inventaire :**

Examinez votre kit tous les six mois pour vous assurer que tous les articles sont présents et en bon état.

Remplacez les aliments, les médicaments et les piles périmés.

- **Ajustements saisonniers :**

Mettez à jour votre kit avec des vêtements ou des fournitures saisonnières selon vos besoins.

Renforcer la préparation de la communauté

Même si les kits individuels sont cruciaux, la préparation à l'échelle de la communauté peut amplifier la sécurité et la résilience lors d'une tempête.

- **Ressources partagées :**

Les voisins peuvent mettre en commun des ressources telles que des générateurs ou des outils.

Les centres communautaires peuvent servir de stations de réchauffement ou de centres d'approvisionnement.

- **Ateliers et éducation :**

L'organisation d'ateliers de préparation garantit qu'un plus grand nombre de ménages sont équipés pour faire face aux situations d'urgence.

Une trousse d'urgence pour tempête hivernale est un outil essentiel pour protéger votre foyer contre les défis posés par les intempéries. En assemblant un kit complet adapté à vos besoins, vous pouvez affronter les tempêtes hivernales en toute confiance, sachant que vous êtes prêt à faire face à l'inattendu.

Préparer votre maison aux tempêtes hivernales : isolation, chauffage et mesures de sécurité

Les tempêtes hivernales sont une force naturelle puissante qui peut mettre à l'épreuve la résilience même des maisons les plus solides. Pour résister aux conditions difficiles qu'elles entraînent – températures inférieures à zéro, fortes chutes de neige et vents glacials – les propriétaires doivent préparer leurs espaces de vie de manière proactive. Une préparation efficace implique d'optimiser l'isolation, de garantir la fiabilité des systèmes de chauffage et de mettre en œuvre des mesures de sécurité clés. Ce chapitre fournira un guide détaillé pour fortifier votre maison contre les tempêtes hivernales, avec des stratégies pratiques pour protéger à la fois la structure de votre maison et le bien-être de ses occupants.

1. Isolation: La première ligne de défense

L'isolation est essentielle pour conserver la chaleur pendant une tempête hivernale. Une maison bien isolée réduit la consommation d'énergie, préserve la chaleur et évite les dommages coûteux causés par le gel.

A. Inspection et amélioration de l'isolation existante

- **Isolation des murs et des combles:**

Vérifiez les espaces ou les zones où l'isolation peut manquer.

Optez pour des matériaux ayant des valeurs R plus élevées (une mesure de l'efficacité de l'isolation) tels que la mousse pulvérisée, la fibre de verre ou les panneaux de mousse rigide.

- **Sous-sol et vides sanitaires :**

Ajoutez de l'isolation aux murs et aux planchers du sous-sol pour minimiser les pertes de chaleur.

Scellez les bouches d'aération des vides sanitaires pour empêcher l'infiltration d'air froid tout en maintenant une ventilation adéquate.

B. Étanchéité des fenêtres et des portes

Les fenêtres et les portes sont souvent responsables des pertes de chaleur lors des tempêtes hivernales.

- **Calfeutrage et coupe-froid :**

Utilisez du calfeutrage pour sceller les fissures autour des cadres de fenêtres et des coupe-froid pour les espaces autour des portes.

Remplacez les joints usés ou endommagés pour assurer une barrière étanche contre les courants d'air.

- **Kits d'isolation de fenêtre :**

Installez un film plastique rétractable sur les fenêtres pour créer une couche isolante supplémentaire.

Utilisez des rideaux épais ou des rideaux thermiques pour bloquer l'air froid.

C. Tuyaux isolants

Les canalisations gelées représentent un risque important lors des tempêtes hivernales, car elles peuvent éclater et causer d'importants dégâts des eaux.

- **Isolation des tuyaux :**

Enveloppez les tuyaux dans les zones non chauffées, telles que les garages et les greniers, avec des manchons en mousse ou en fibre de verre.

- **Gouttes de robinet :**

Laissez les robinets s'égoutter par temps extrêmement froid pour maintenir l'eau qui coule et réduire l'accumulation de pression dans les tuyaux.

- **Ruban chauffant :**

Appliquez du ruban chauffant ou un câble sur les tuyaux pour une protection supplémentaire, en vous assurant qu'il est utilisé conformément aux directives du fabricant.

D. Aborder la ventilation des combles

Une bonne ventilation du grenier empêche les barrages de glace, c'est-à-dire des crêtes de glace qui se forment sur les bords du toit et bloquent l'évacuation de l'eau.

- **Évents de faîte et de soffite :**

Assurez-vous que les bouches d'aération ne sont pas obstruées pour maintenir la circulation de l'air.

Ajoutez de l'isolation au plancher du grenier tout en laissant les bouches d'aération dégagées.

2. Systèmes de chauffage : assurer une chaleur fiable

Un système de chauffage fiable est essentiel pendant les tempêtes hivernales. Le maintien et le complément de votre source de chauffage principale garantissent une chaleur constante, même lors de pannes de courant prolongées.

A. Entretien de la fournaise

- **Inspection avant tempête:**

Planifiez une inspection annuelle de votre fournaise ou de votre système de chauffage avant le début de l'hiver.

Nettoyez ou remplacez les filtres à air pour optimiser l'efficacité.

- **Étalonnage du thermostat :**

Testez la précision de votre thermostat et remplacez les piles si nécessaire.

PARTIE 2 : SE PRÉPARER AUX TEMPÊTES HIVERNALES

- **Connaissances sur l'arrêt d'urgence :**

Familiarisez-vous avec l'emplacement des vannes d'arrêt de la fournaise en cas de dysfonctionnement.

B. Sources de chaleur supplémentaires

Les méthodes de chauffage secondaire peuvent fournir une chaleur critique en cas de panne de votre système principal.

- **Poêles et foyers à bois :**

Stockez du bois de chauffage sec dans un endroit sûr et accessible.

Installez les chapeaux de cheminée et inspectez les fissures ou les blocages avant utilisation.

- **Appareils de chauffage :**

Choisissez des modèles dotés de fonctions de sécurité telles que l'arrêt automatique et la protection contre le basculement.

Gardez les appareils de chauffage à au moins trois pieds des matériaux inflammables.

- **Générateurs portatifs :**

Investissez dans un générateur pour alimenter les appareils de chauffage électrique en cas de panne.

Placez les générateurs à l'extérieur dans un endroit bien ventilé pour éviter une intoxication au monoxyde de carbone.

C. Prévenir les pertes de chaleur

Conservez la chaleur en fermant les pièces inutilisées et en scellant les espaces.

- **Solutions spécifiques à la pièce :**

Utilisez des coupe-vent sous les portes et gardez les portes intérieures fermées.

Posez des tapis ou des moquettes pour isoler les sols.

3. Mesures de sécurité pour protéger votre maison et votre famille

Les précautions de sécurité sont essentielles pour minimiser les risques associés aux tempêtes hivernales. De la prévention des incendies à la planification des mesures d'urgence, répondre à ces préoccupations peut sauver des vies et prévenir des dommages matériels.

A. Précautions de sécurité incendie

- **Détecteurs de fumée et de monoxyde de carbone :**

Installez des détecteurs à tous les niveaux de votre maison, notamment près des zones de couchage.

Testez les détecteurs une fois par mois et remplacez les piles chaque année.

- **Extincteurs :**

Gardez les extincteurs dans les zones clés telles que la cuisine et à proximité des équipements de chauffage.

Assurez-vous que tous les membres du ménage savent comment les utiliser.

B. Solutions d'alimentation d'urgence

- **Systèmes de batterie de secours :**

Utilisez des alimentations sans coupure (UPS) pour les appareils essentiels, notamment les équipements médicaux et les outils de communication.

- **Stockage du carburant :**

Conservez l'essence ou le propane pour les générateurs dans des contenants approuvés, loin des sources de chaleur.

C. Entretien du toit et des gouttières

Une forte accumulation de neige et de glace peut provoquer l'effondrement du toit et des dégâts d'eau.

- **Outils de déneigement :**

Utilisez des râteaux pour déneiger en toute sécurité sans endommager les bardeaux.

Évitez de vous tenir debout sur le toit pour réduire le risque de blessure.

- **Produits de déglaçage :**

Appliquez un déglaçant non corrosif sur les gouttières et les descentes pluviales pour éviter les barrages de glace.

D. Sécurisation des espaces extérieurs

Les vents violents et les fortes chutes de neige peuvent déloger les objets extérieurs, causant des dommages ou des blessures.

- **Attaches et ancrages :**

Sécurisez les meubles de patio, les grilles et autres objets en vrac.

- **Taille des arbres :**

Retirez les branches mortes ou en surplomb pour réduire le risque qu'elles tombent sur votre maison.

4. Se préparer à un isolement prolongé

Les tempêtes hivernales peuvent coincer les familles à l'intérieur pendant des jours. Préparer votre maison à un isolement prolongé garantit sécurité et confort.

A. Stocker les éléments essentiels

- **Nourriture et eau :**

Conservez les aliments non périssables et l'eau en bouteille pendant au moins trois jours par personne.

- **Médicaments :**

Assurer un approvisionnement suffisant en médicaments sur ordonnance et en vente libre.

B. Préparation à la communication

- **Alimentation de secours pour les téléphones :**

Utilisez des chargeurs portables ou des panneaux solaires pour maintenir les appareils opérationnels.

- **Contacts d'urgence :**

Conservez une liste imprimée des numéros de téléphone importants en cas de panne des appareils numériques.

C. Divertissement et confort

- **Jeux et activités :**

Gardez des livres, des puzzles et des jeux de société à portée de main pour passer le temps.

- **Articles de confort :**

Prévoyez des couvertures, des oreillers et des vêtements supplémentaires pour plus de chaleur.

5. Préparation aux interruptions d'eau et de services publics

La perte d'eau ou de services publics peut créer des problèmes importants lors d'une tempête hivernale. Préparer votre maison à de telles interruptions garantit l'accès aux ressources vitales.

A. Stockage de l'eau

- **Conteneurs :**

Remplissez les baignoires, les éviers et les grands récipients d'eau pour boire, cuisiner et nettoyer.

- **Purification de l'eau:**

Utilisez des tablettes ou des filtres pour rendre l'eau collectée propre à la consommation.

B. Éclairage de secours

- **Bougies et lanternes :**

Stockez des bougies et des lanternes LED durables et sans gouttes.

- **Alimentation batterie :**

Conservez une variété de piles pour lampes de poche et autres appareils.

C. Connaissance de l'arrêt des services publics

- **Gaz, Eau et Électricité :**

Sachez comment fermer les services publics en cas de fuites ou de risques électriques.

Préparer votre maison aux tempêtes hivernales nécessite une planification minutieuse et une approche proactive. En mettant l'accent sur l'isolation, un chauffage fiable et les mesures de sécurité essentielles, vous pouvez créer un environnement sûr et confortable pour votre foyer. Ces efforts protègent non seulement votre propriété, mais assurent également le bien-être de votre famille même lors des tempêtes les plus violentes.

Construire un réseau de soutien : voisins, amis et famille

Face aux tempêtes hivernales, la force des relations communautaires et personnelles devient inestimable. Même si la préparation individuelle est essentielle, la capacité de s'appuyer sur un réseau de soutien et d'y contribuer peut faire la différence entre une expérience stressante et isolante et une expérience de résilience collective. Un réseau de soutien bien préparé favorise la coopération, améliore le partage des ressources et fournit une assistance émotionnelle et logistique en cas de besoin. Ce chapitre approfondit l'importance de construire et de maintenir un réseau de soutien solide, y compris des moyens pratiques pour favoriser la communication, la coopération et la préparation collective entre voisins, amis et famille.

1. Pourquoi un réseau de soutien est important dans la préparation aux tempêtes hivernales

Les tempêtes hivernales perturbent souvent les services de base tels que l'électricité, les transports et les communications. Lors de telles situations d'urgence, les réseaux de soutien peuvent :

Partager des ressources: Lorsque les approvisionnements sont rares, la mise en commun des ressources garantit que personne dans la communauté ne se retrouve sans articles essentiels comme la nourriture, l'eau ou le chauffage.

Fournir de l'aide: Du déneigement au transport en cas d'urgence médicale, un réseau permet aux individus d'offrir ou de recevoir de l'aide selon leurs besoins.

Favoriser la résilience émotionnelle: Le lien social réduit le stress et l'anxiété, rappelant aux gens qu'ils ne sont pas seuls face aux défis.

Le pouvoir de la communauté

Les recherches montrent systématiquement que les communautés ayant des liens sociaux solides se remettent plus rapidement des catastrophes. Lors des tempêtes hivernales, ces liens peuvent inclure des voisins surveillant les résidents âgés, des familles partageant des repas ou des amis proposant un endroit chaleureux où séjourner.

2. Établir un réseau de soutien dans votre quartier

A. Apprendre à connaître vos voisins

La fondation d'un réseau de soutien de quartier commence par les relations.

Initier des conversations: Présentez-vous aux voisins si ce n'est pas déjà fait. Partagez votre intention de créer un plan de préparation aux tempêtes hivernales.

Organiser des réunions: Organisez des réunions informelles pour discuter de la préparation, comme des fêtes de quartier ou des matinées café.

Échanger des informations de contact: Créez un répertoire avec des numéros de téléphone, des adresses e-mail et toutes les compétences ou ressources spéciales que les voisins peuvent offrir pendant une tempête.

B. Création d'un plan de préparation du quartier

Un plan communautaire garantit que tout le monde est sur la même longueur d'onde et réduit la confusion en cas d'urgence.

Attribuer des rôles: Identifiez les personnes possédant des compétences spécifiques, comme une formation médicale ou une expertise en déneigement.

Équipement partagé : Mettez en commun des ressources pour des articles comme des souffleuses à neige, des générateurs ou des tronçonneuses.

Canaux de communication: utilisez des SMS de groupe, des applications de réseaux sociaux ou des radios bidirectionnelles pour rester connecté pendant les pannes de courant.

C. Aider les voisins vulnérables

Une attention particulière doit être accordée aux personnes qui pourraient avoir besoin d'une aide supplémentaire.

Résidents âgés: Vérifiez-les régulièrement et assurez-vous qu'ils disposent de suffisamment de chauffage, de nourriture et de fournitures médicales.

Familles avec de jeunes enfants: Proposez de garder des enfants ou de partager des ressources comme des couches ou du lait maternisé.

Personnes handicapées ou malades : coordonnez-vous pour répondre à leurs besoins de mobilité ou médicaux pendant une tempête.

D. Bâtir la confiance grâce à de petits actes

La confiance est l'épine dorsale de tout réseau de soutien.

Partagez des conseils de préparation : Offrez des conseils sur la protection des maisons contre l'hiver ou sur la création de kits d'urgence.

Bénévole: Aidez les voisins avec de petites tâches comme pelleter les allées ou sceller les fenêtres avant que les tempêtes ne frappent.

Célébrez ensemble: Les rassemblements sociaux renforcent les liens, rendant la coopération en cas d'urgence plus naturelle.

3. Renforcer les liens avec les amis

Alors que les voisins assurent une proximité immédiate, les amis apportent souvent des relations plus profondes et durables qui peuvent s'avérer essentielles en cas de crise.

A. Le rôle des amis dans la préparation aux situations d'urgence

Soutien émotionnel: Les amis offrent du réconfort lors de situations stressantes, vous aidant à rester calme et concentré.

Partage de compétences: Des amis possédant des compétences uniques, telles que la menuiserie, la cuisine ou l'expertise en mécanique, peuvent apporter une aide pratique.

Mise en commun des ressources: La coordination des achats de fournitures, comme l'achat de nourriture en vrac ou le partage des coûts du générateur, peut permettre d'économiser de l'argent et d'améliorer la préparation.

B. Organiser des groupes d'amis pour la préparation hivernale

Créer une équipe de préparation: Formez un groupe d'amis déterminés à s'entraider lors des tempêtes hivernales.

Enregistrements réguliers: Planifiez des appels ou des messages pour vous assurer que tout le monde est en sécurité et approvisionné en produits essentiels.

Planification des activités: Organisez des ateliers sur la préparation aux tempêtes ou planifiez des sorties de groupe pour acheter des fournitures.

C. L'importance d'une communication claire

Une bonne communication minimise les malentendus et garantit une collaboration efficace.

Désigner un chef de groupe: Désignez quelqu'un pour coordonner les efforts, comme organiser des déplacements ou distribuer des ressources.

Utiliser la technologie: exploitez des applications comme WhatsApp, GroupMe ou même Google Docs pour partager des plans et des mises à jour.

Définir les attentes: Décrivez clairement ce que chaque ami peut apporter, qu'il s'agisse de temps, de compétences ou de ressources.

4. Compter sur sa famille pendant les tempêtes hivernales

Les unités familiales constituent souvent la principale source de soutien en cas d'urgence. Se préparer en famille garantit que tout le monde travaille ensemble efficacement.

A. Planification de la préparation des familles

Organiser des réunions de famille : Discutez des scénarios potentiels de tempête hivernale et convenez d'un plan d'action.

Rôles d'urgence: Attribuez des rôles à chaque membre de la famille, comme gérer les fournitures, cuisiner ou prendre soin des animaux de compagnie.

Exercices d'entraînement: Réalisez des scénarios simulés, comme une panne de courant, pour tester l'état de préparation de votre famille.

B. Prendre soin de la famille élargie

De nombreuses familles ont des parents âgés, des proches enceintes ou de jeunes enfants qui nécessitent une attention particulière.

Coordonner le soutien: Répartissez les responsabilités entre les membres de la famille pour garantir que chacun reçoive les soins dont il a besoin.

Projets de voyage: Organisez le transport pour amener les proches vulnérables vers des endroits plus sûrs si nécessaire.

Listes de contacts d'urgence: Tenir à jour des listes de numéros de téléphone et d'adresses des membres de la famille pour une communication rapide.

C. Résoudre les conflits pendant les périodes de stress

Les tempêtes peuvent créer des tensions, en particulier dans les foyers surpeuplés.

Fixer des limites: Établissez des zones ou des horaires de calme pour donner de l'espace à chacun.

Concentrez-vous sur le travail d'équipe: Rappelez aux membres de la famille l'importance de travailler ensemble pour un bénéfice mutuel.

Pratiquez la patience: Les niveaux de stress seront élevés – soyez compréhensif et indulgent envers les irritations mineures.

5. Outils et technologies pour créer un réseau de soutien

La technologie moderne facilite la communication avec les voisins, les amis et la famille en cas d'urgence.

A. Plateformes de communication

Groupes de médias sociaux : Des plateformes comme Facebook permettent aux quartiers de créer des groupes privés pour partager des mises à jour.

Applications de messagerie de groupe : WhatsApp, Signal ou Telegram offrent des options de communication fiables.

Applications d'urgence : utilisez des applications comme la FEMA ou la Croix-Rouge pour recevoir des alertes et partager des informations de sécurité.

B. Plateformes de ressources partagées

Tableaux communautaires : Des sites Web comme Nextdoor facilitent le partage de ressources et la coordination de quartier.

Calendriers partagés : Des outils tels que Google Agenda aident les familles et les amis à planifier leurs tâches et leurs enregistrements.

Suivi des stocks : Des applications comme Sortly permettent aux groupes de gérer efficacement les fournitures partagées.

C. Méthodes de communication de sauvegarde

La technologie peut tomber en panne pendant les tempêtes, alors prévoyez des sauvegardes de faible technologie.

Talkies-walkies: Utile pour les communications à courte portée lorsque les lignes téléphoniques sont coupées.

Radios CB: Une option fiable pour communiquer sur de plus grandes zones.

Listes papier : Tenir à jour des listes de contacts imprimées et des inventaires de fournitures.

6. Renforcer la résilience à long terme de votre réseau de soutien

Un réseau de soutien solide ne consiste pas seulement à survivre à une tempête : il s'agit également de créer une résilience durable.

A. Entretenir des relations tout au long de l'année

Enregistrements réguliers: Restez en contact avec vos voisins, vos amis et votre famille même en dehors de l'hiver.

Célébrez les réussites: Réfléchissez au fonctionnement du réseau pendant les tempêtes et célébrez son efficacité.

Adapter les plans: Mettre à jour les plans de préparation chaque année pour relever les nouveaux défis ou tirer les leçons.

B. Favoriser une culture de préparation

Ateliers et formations: Organisez des événements sur les premiers secours, la sécurité dans la neige ou l'entretien des générateurs.

Exercices communautaires: Simulez des scénarios de tempête pour pratiquer la coordination.

Incitations à la préparation: Récompensez la participation aux efforts de préparation, comme des réductions sur les achats de fournitures en gros.

C. Encourager l'entraide

Partage de compétences: Encouragez les membres à s'enseigner mutuellement des compétences utiles, comme les réparations de base d'une voiture ou la cuisine avec des fournitures limitées.

Fonds d'urgence : Créez un fonds communautaire pour les dépenses imprévues, telles que les factures médicales ou les réparations de biens endommagés.

Construire un réseau de soutien composé de voisins, d'amis et de membres de la famille est la pierre angulaire de la préparation aux tempêtes hivernales. En favorisant les liens, en partageant les ressources et en planifiant de manière collaborative, les individus peuvent affronter les conditions les plus difficiles en toute confiance. Un réseau solide fournit non seulement une aide pratique, mais renforce également le sentiment de communauté et d'entraide, rendant chaque membre plus résilient face à l'adversité.

6

Partie 3 : Survivre aux tempêtes hivernales

Rester en sécurité pendant une tempête hivernale : abri, nourriture et eau

Les tempêtes hivernales apportent une combinaison unique de défis qui peuvent mettre à l'épreuve les limites de la résilience humaine. Assurer la sécurité lors de ces événements ne consiste pas simplement à attendre la fin de la tempête ; cela nécessite une planification stratégique et une prise de décision en temps réel pour répondre aux besoins essentiels tels que le logement, la nourriture et l'eau. Dans ce chapitre, nous discuterons en détail de la manière de garantir un environnement sûr, de préserver la nourriture et de garantir l'accès à de l'eau propre face aux conditions impitoyables d'une tempête hivernale. Ces trois piliers – abri, nourriture et eau – sont essentiels à la survie et doivent être abordés avec précision et soin.

1. L'importance d'un abri pendant les tempêtes hivernales

A. Pourquoi un abri est essentiel

Un abri constitue la première ligne de défense contre le froid, le vent et la neige qui caractérisent les tempêtes hivernales. Une exposition prolongée à des températures glaciales peut entraîner une hypothermie, des engelures et d'autres maladies liées au froid. S'assurer de disposer d'un espace chaleureux et sécurisé protège non seulement votre bien-être physique mais également votre état psychologique pendant toute la durée de la tempête.

B. Préparer votre maison comme abri

Votre maison est souvent le meilleur endroit pour affronter une tempête, mais elle doit être correctement préparée pour garantir sécurité et confort.

Isolation et étanchéité :

Installez des coupe-froid autour des portes et des fenêtres pour réduire les courants d'air.

Isolez les combles et les vides sanitaires pour retenir plus efficacement la chaleur.

Sources de chauffage :

Entretenez votre système de chauffage central en vous assurant qu'il fonctionne bien avant l'arrivée de l'hiver.

Ayez des méthodes de chauffage alternatives telles que des radiateurs ou un poêle à bois, mais assurez-vous qu'elles sont utilisées en toute sécurité pour éviter les risques d'incendie.

Éclairage et alimentation :

Préparez-vous aux pannes de courant avec des lampes de poche, des lanternes à piles et des bougies.

Pensez à investir dans un générateur de secours pour maintenir les systèmes essentiels en fonctionnement.

C. Abris d'urgence

En cas de tempêtes violentes où l'hébergement à domicile devient dangereux ou impossible, des abris d'urgence peuvent être nécessaires.

Refuges locaux : Connaissez l'emplacement des abris d'urgence à proximité gérés par les gouvernements locaux ou la Croix-Rouge.

Quoi apporter: Emportez un sac de voyage contenant des éléments essentiels comme des vêtements chauds, des médicaments, des documents importants et des articles de toilette.

Plans de transport : Assurez-vous de disposer d'un moyen fiable pour atteindre le refuge, même si les routes sont verglacées ou enneigées.

2. Rester au chaud sans électricité

Les pannes de courant sont fréquentes pendant les tempêtes hivernales, laissant souvent les maisons sans chauffage. Voici des stratégies pour rester au chaud :

A. Vêtements superposés

Couche de base : Portez des matériaux qui évacuent l'humidité comme des sous-vêtements thermiques.

Couche intermédiaire: Ajoutez des matériaux isolants comme de la laine ou de la polaire.

Couche externe: Utilisez des vestes coupe-vent et imperméables pour vous protéger de l'air froid.

B. Créer une zone chaude dans votre maison

Fermez les pièces inutilisées pour concentrer la chaleur dans une zone.

Utilisez des couvertures, des sacs de couchage ou des rideaux thermiques pour isoler davantage l'espace.

Blottissez-vous avec les membres de votre famille pour conserver la chaleur corporelle.

C. Précautions de sécurité incendie

Utilisez les foyers et les poêles à bois avec précaution, en assurant une ventilation adéquate pour éviter toute intoxication au monoxyde de carbone.

Gardez les matériaux inflammables à l'écart des sources de chaleur.

Installez des détecteurs de monoxyde de carbone et testez-les régulièrement.

3. Sécurité alimentaire pendant les tempêtes hivernales

A. Faire des réserves avant la tempête

Il est essentiel de garantir un approvisionnement adéquat en produits alimentaires non périssables. Considérez ces éléments essentiels :

Produits en conserve : Les soupes, les légumes, les fruits et les viandes apportent variété et nutriments.

Agrafes sèches: Les pâtes, le riz, l'avoine et le lait en poudre sont polyvalents et durables.

Collations riches en calories: Les noix, les barres granola et le beurre de cacahuète offrent une énergie rapide.

Aliments réconfortants : Le chocolat chaud ou le café instantané peuvent remonter le moral en période de stress.

B. Conserver correctement les aliments

Stockage frais : En cas de panne de courant, conservez les aliments dans une glacière ou à l'extérieur dans la neige (mais assurez-vous qu'ils sont à l'abri des animaux).

Conteneurs scellés: Protégez les aliments de l'humidité et des parasites en utilisant des contenants hermétiques.

Dates d'expiration: Faites régulièrement pivoter votre approvisionnement alimentaire d'urgence pour garantir la fraîcheur.

C. Cuisiner sans électricité

Les pannes de courant peuvent rendre la cuisine difficile, mais il existe des alternatives :

Poêles portatifs: Utilisez des réchauds de camping ou des brûleurs à gaz portables, mais uniquement dans des endroits bien ventilés.

Grills et foyers: Les options de cuisson en plein air comme les grils peuvent réchauffer les aliments, mais ne les utilisez jamais à l'intérieur en raison des risques de monoxyde de carbone.

Options sans cuisson : Stockez des aliments qui peuvent être consommés sans cuisson, comme des haricots en conserve ou des plats préemballés.

4. Garantir l'accès à l'eau potable

A. Stockage de l'eau à l'avance

Conservez au moins un gallon d'eau par personne et par jour, avec un approvisionnement minimum pour trois jours.

Utilisez des contenants propres de qualité alimentaire avec des couvercles sécurisés pour éviter toute contamination.

B. Faire fondre la neige pour obtenir de l'eau

Dans des cas extrêmes, la neige peut être fondue pour devenir de l'eau potable, mais cela nécessite un traitement approprié :

Faire bouillir d'abord : Portez la neige fondue à ébullition pendant au moins une minute pour tuer les bactéries.

Filtrer les débris: Utilisez un chiffon ou un filtre à café pour éliminer les impuretés avant de faire bouillir.

Évitez la neige contaminée: N'utilisez jamais de neige décolorée ou à proximité des routes, car elle peut contenir des produits chimiques nocifs.

C. Techniques de purification de l'eau

Lorsque les sources d'eau traditionnelles ne sont pas disponibles, la purification devient cruciale.

Ébullition: Comme mentionné, l'ébullition est la méthode la plus sûre et la plus simple.

Traitements chimiques : Utilisez des comprimés de purification d'eau ou de l'eau de Javel (non parfumée, sans additifs) pour désinfecter l'eau.

Filtres portables: Investissez dans des filtres à eau portables ou des pailles qui peuvent éliminer les bactéries et autres contaminants.

5. Maintenir le bien-être mental et émotionnel

Les tempêtes hivernales peuvent être isolantes, et rester résilient mentalement est tout aussi important que de répondre à ses besoins physiques.

A. Créer une routine

Établissez un horaire quotidien pour les repas, les activités et le repos afin de maintenir un sentiment de normalité.

Incorporez des exercices légers ou des étirements pour maintenir la circulation sanguine et réduire le stress.

B. Rester connecté

Utilisez des téléphones, des radios ou même des lettres pour maintenir la communication avec vos proches.

Vérifiez les amis, les voisins ou les membres de la famille vulnérables, car offrir de l'aide peut remonter le moral des deux parties.

C. Divertissements et distractions

Gardez des livres, des jeux ou du matériel de bricolage à portée de main pour passer le temps.

Participez à des activités de rapprochement familial comme la narration ou les jeux de société.

6. Scénarios d'urgence et réponses rapides

A. Urgences médicales

Maladies liées au froid : Apprenez à reconnaître les signes d'hypothermie et d'engelures et sachez comment administrer les premiers soins.

Conditions chroniques: Assurer un stock de médicaments nécessaires et un plan pour accéder à une aide médicale si nécessaire.

B. Évacuations

Quand partir: Surveillez les mises à jour météorologiques et tenez compte des ordres d'évacuation si les conditions se détériorent.

Préparer un Go-Bag: Incluez les éléments essentiels comme les vêtements, les aliments non périssables, l'eau et les documents importants.

C. Pannes de communication

Utilisez des radios alimentées par batterie pour rester informé de l'évolution des tempêtes.

Établir un point de rencontre pour les familles en cas de séparation lors des évacuations.

Rester en sécurité pendant une tempête hivernale nécessite une planification proactive et de l'adaptabilité. En donnant la priorité à l'abri, à la nourriture et à l'eau, vous créez une base de survie capable de résister aux conditions les plus difficiles. Combinées à la résilience mentale et au soutien communautaire, ces stratégies permettent aux individus et aux familles d'affronter les tempêtes hivernales avec confiance et force.

Faire face aux tempêtes hivernales : sécurité des voyages et protocoles d'urgence

Les tempêtes hivernales posent un défi important à la sécurité des voyages, transformant souvent des voyages autrement gérables en entreprises dangereuses. Que ce soit à pied, dans un véhicule ou en utilisant les transports en commun, comprendre les risques et mettre en œuvre des mesures de sécurité est essentiel pour faire face à ces conditions. Ce chapitre fournit un guide complet pour minimiser les risques, assurer la préparation et suivre les protocoles d'urgence lors de voyages lors de tempêtes hivernales.

1. Comprendre les dangers des voyages hivernaux

A. Les risques liés à la neige et au verglas

Les tempêtes hivernales créent des conditions qui augmentent la probabilité d'accidents et de blessures, notamment :

Visibilité réduite: Les chutes de neige, le brouillard et la poudrerie peuvent obscurcir la vision, rendant la navigation difficile.

Surfaces glissantes: La glace, la neige compactée et la neige fondante réduisent la traction, entraînant des glissades, des chutes et des dérapages de véhicules.

Routes obstruées: La neige accumulée et les débris tombés peuvent bloquer les chemins et les routes, compliquant ainsi les déplacements.

B. Risques d'hypothermie et d'engelures

L'exposition à des températures glaciales pendant un voyage peut entraîner une hypothermie et des engelures.

Signes d'hypothermie: Frissons, confusion, troubles de l'élocution et fatigue.

Signes d'engelures: Engourdissement, peau pâle ou cireuse et sensation de picotement, particulièrement dans les extrémités.

C. Dangers spécifiques au véhicule

Conduire pendant une tempête hivernale présente des dangers uniques :

Glace noire: Les couches invisibles de glace sur les routes sont extrêmement glissantes et difficiles à détecter.

Dérapage: Un freinage brusque ou des virages serrés peuvent entraîner une perte de contrôle.

Véhicules bloqués: Une panne mécanique ou des fermetures de routes peuvent laisser les voyageurs coincés dans des conditions périlleuses.

2. Se préparer au voyage avant une tempête hivernale

A. Évaluation de la nécessité du voyage

L'option la plus sûre lors d'une tempête hivernale est souvent d'éviter complètement de voyager.

Restez à jour: Surveillez les prévisions météorologiques et les avis de voyage provenant de sources fiables.

Reporter les voyages non essentiels: Retardez vos projets de voyage si des conditions météorologiques extrêmes sont attendues.

B. Préparation de votre véhicule

Si le voyage est inévitable, assurez-vous que votre véhicule est équipé pour affronter les conditions hivernales.

Pneus d'hiver : utilisez des pneus conçus pour les conditions verglacées et enneigées afin d'améliorer la traction.

Vérification de la batterie : assurez-vous que la batterie de la voiture est complètement chargée et en bon état pour éviter les pannes.

Liquides : Gardez l'antigel, le liquide lave-glace et les réservoirs de carburant à des niveaux optimaux.

Trousse d'urgence : incluez des éléments tels que :

- Couvertures et vêtements supplémentaires.

- Collations non périssables et eau.

- Une lampe de poche, des piles et des fusées éclairantes.

- Une trousse de premiers secours et des outils de base.

C. Planifier votre itinéraire

Planifiez soigneusement votre itinéraire de voyage pour minimiser les risques.

Routes principales : empruntez les autoroutes bien entretenues et les routes principales qui seront probablement déneigées en premier.

Itinéraires alternatifs : identifiez les détours en cas de routes bloquées ou fermées.

Outils de navigation : utilisez le GPS ou des cartes, mais restez informé des mises à jour et des conditions changeantes.

3. Conduire en toute sécurité pendant une tempête hivernale

A. Réduire la vitesse

Conduisez beaucoup plus lentement que d'habitude pour garder le contrôle et permettre des distances d'arrêt plus longues.

Règle générale : réduisez votre vitesse d'au moins 50 % sur les routes verglacées ou enneigées.

Évitez les mouvements brusques : accélérez et freinez progressivement pour éviter de déraper.

B. Maintenir la visibilité

Une visibilité dégagée est cruciale pour une conduite sûre.

Entretien du pare-brise : utilisez les réglages de dégivrage et gardez les essuie-glaces en bon état.

Feux : allumez les phares, même pendant la journée, pour augmenter votre visibilité et celle des autres conducteurs.

Enlever la neige : Enlevez toute la neige et la glace des fenêtres, des rétroviseurs et des phares avant de partir.

C. Gérer les dérapages

Si votre véhicule commence à déraper :

Ne paniquez pas : restez calme et évitez les mouvements brusques.

Dirigez doucement : tournez le volant dans la direction souhaitée tout en évitant une correction excessive.

Freinez correctement : Pour les freins antiblocage (ABS), appliquez une pression constante ; pour les freins sans ABS, pompez doucement.

D. Éviter les accidents

Prenez des précautions supplémentaires pour éviter les collisions.

Augmentez la distance de suivi : laissez au moins 6 à 10 secondes entre votre véhicule et celui qui vous précède.

Méfiez-vous des ponts : les ponts et les viaducs gèlent plus rapidement que les routes ordinaires, augmentant ainsi le risque de verglas.

Surveillez les piétons : les routes enneigées peuvent forcer les piétons à emprunter la chaussée.

4. Naviguer à pied pendant une tempête hivernale

A. S'habiller pour des raisons de sécurité

Des vêtements appropriés peuvent prévenir les engelures et l'hypothermie lors d'un voyage à pied.

Superposition : portez plusieurs couches de vêtements isolants et évacuant l'humidité.

Chaussures : Utilisez des bottes imperméables offrant une bonne traction pour éviter de glisser.

Accessoires : Portez des chapeaux, des gants et des foulards pour protéger les extrémités du froid.

B. Marcher en toute sécurité sur la glace et la neige

Les glissades et les chutes sont fréquentes lors des tempêtes hivernales.

Petits pas : faites des pas courts et délibérés pour maintenir l'équilibre.

Penguin Walk : Gardez votre centre de gravité au-dessus de vos pieds en vous penchant légèrement vers l'avant.

Mains courantes : utilisez des mains courantes dans les escaliers et les pentes autant que possible.

C. Rester visible

Assurez-vous d'être facilement visible par les autres, en particulier dans des conditions de faible visibilité.

Vêtements clairs : Portez des articles réfléchissants ou de couleurs vives.

Emportez une lumière : utilisez une lampe de poche ou attachez du ruban réfléchissant à vos vêtements.

5. Protocoles d'urgence pour les voyages hivernaux

A. Que faire en cas de blocage dans un véhicule

Être bloqué pendant une tempête hivernale peut mettre la vie en danger. Suivez ces étapes :

Restez dans le véhicule : Votre voiture offre un abri et permet aux sauveteurs de vous localiser plus facilement.

Appel à l'aide : utilisez les feux de détresse, soulevez le capot ou attachez un tissu de couleur vive à votre antenne.

Faites fonctionner le moteur en toute sécurité : faites tourner le moteur pendant 10 à 15 minutes toutes les heures pour économiser le carburant et réduire l'accumulation de monoxyde de carbone.

Ventilation : Gardez une fenêtre légèrement ouverte pour éviter la suffocation.

B. Demander de l'aide à pied

Si voyager à pied devient dangereux :

Trouvez un abri rapidement : recherchez des bâtiments, des abris publics ou des zones fermées.

Signalez votre présence : criez ou saluez les véhicules qui passent pour attirer l'attention.

Évitez les raccourcis risqués : restez sur les chemins familiers et évitez les plans d'eau gelés.

C. Communiquer en cas d'urgence

Assurez-vous de pouvoir communiquer efficacement en cas d'urgence.

Téléphones : gardez vos téléphones portables chargés et emportez une batterie externe portable.

Radios : utilisez des radios à piles ou à manivelle pour les mises à jour si le service cellulaire n'est pas disponible.

Contacts d'urgence : partagez vos projets de voyage et votre heure d'arrivée estimée avec quelqu'un avant de partir.

6. Sécurité des transports publics

A. Risques des transports publics

Les bus, les trains et autres systèmes de transport en commun peuvent également être confrontés à des défis :

Retards et annulations : Des conditions météorologiques extrêmes peuvent perturber les horaires.

Surpeuplement : une demande accrue peut conduire à des véhicules bondés, réduisant ainsi le confort et la sécurité.

Risques de glissade : Les plates-formes, les escaliers et les entrées des véhicules peuvent devenir glacés.

B. Rester en sécurité

Planifiez à l'avance : vérifiez les horaires et les retards des transports en commun avant de partir.

Tenez bon : utilisez des mains courantes ou des barres d'appui pour éviter les chutes sur les véhicules en mouvement.

Emportez l'essentiel : apportez des vêtements supplémentaires, de la nourriture et de l'eau en cas de retard.

7. Rôle du soutien communautaire en matière de sécurité des déplacements hivernaux

A. Vérification des personnes vulnérables

Aidez vos voisins âgés ou handicapés à préparer leurs déplacements hivernaux ou à éviter les sorties inutiles.

B. Covoiturage et Assistance

Proposez des trajets à ceux qui ne disposent pas d'un moyen de transport fiable, garantissant ainsi la sécurité de tous les passagers.

C. Signalement des dangers

Informez les autorités locales des routes bloquées, des lignes électriques tombées en panne ou des personnes bloquées pour accélérer l'assistance.

Voyager pendant une tempête hivernale nécessite une sensibilisation, une préparation et un respect accrus des protocoles de sécurité. Que ce soit en voiture, à pied ou en transports en commun, comprendre les risques et savoir comment réagir efficacement peut faire la différence entre un voyage sûr et un voyage périlleux. En accordant la priorité à la préparation et en faisant preuve de prudence, les individus peuvent affronter les tempêtes hivernales avec plus de confiance et de sécurité.

Gérer le stress et l'anxiété pendant une tempête hivernale : santé mentale et bien-être

Les tempêtes hivernales, bien qu'elles soient un phénomène naturel, entraînent souvent des sentiments d'incertitude, de stress et de peur. La perturbation des routines quotidiennes, le danger potentiel pour la vie et les biens et l'isolement provoqué par ces tempêtes peuvent avoir un impact significatif sur la santé mentale. Se préparer et gérer le stress lors d'une tempête hivernale est aussi crucial que d'assurer la sécurité physique. Ce chapitre explore les défis psychologiques posés par les tempêtes hivernales et propose des stratégies concrètes pour maintenir la santé mentale et le bien-être.

1. L'impact psychologique des tempêtes hivernales

A. Comprendre les réponses au stress

Le stress est une réponse naturelle à une menace perçue, et les tempêtes hivernales peuvent déclencher cette réponse de plusieurs manières :

Mode Combat ou Vol : La réaction immédiate pour se préparer à la survie, souvent accompagnée d'une montée d'adrénaline.

Stress prolongé : une exposition continue aux effets de la tempête, tels que des pannes de courant ou des ressources limitées, peut entraîner un stress chronique.

B. Défis courants en matière de santé mentale

Lors d'une tempête hivernale, les individus peuvent être confrontés à diverses difficultés psychologiques :

Anxiété : Inquiétude concernant la sécurité personnelle, les dommages matériels et l'accès aux fournitures essentielles.

Dépression : L'isolement et les perturbations provoqués par les tempêtes peuvent déclencher des sentiments de tristesse et de désespoir.

Irritabilité : Les conditions stressantes peuvent mettre à rude épreuve les relations et conduire à des conflits.

C. Populations vulnérables

Certains groupes sont plus sensibles aux effets psychologiques des tempêtes hivernales :

Enfants : Ils peuvent ne pas bien comprendre la situation et devenir effrayés ou collants.

Personnes âgées : Une mobilité limitée et une dépendance à l'égard des soignants peuvent amplifier les sentiments de vulnérabilité.

Personnes souffrant de problèmes de santé mentale préexistants : Ceux qui souffrent déjà d'anxiété, de dépression ou d'autres problèmes peuvent présenter des symptômes accrus.

PARTIE 3 : SURVIVRE AUX TEMPÊTES HIVERNALES

2. Se préparer au bilan émotionnel des tempêtes hivernales

A. Reconnaître la possibilité du stress

Reconnaître que le stress est une réaction normale peut aider les individus à se préparer mentalement.

Fixez des attentes réalistes : comprenez qu'un certain stress et un certain inconfort sont inévitables lors d'une tempête.

Pratiquez l'acceptation : concentrez-vous sur ce que vous pouvez contrôler plutôt que de vous soucier de l'incontrôlable.

B. Renforcer la résilience émotionnelle

La résilience aide les individus à se remettre du stress plus efficacement.

Pratiques de pleine conscience : des techniques telles que la méditation et la respiration profonde peuvent améliorer la régulation émotionnelle.

Pensée positive : transformez les défis en opportunités d'apprendre et de grandir.

Activités de réduction du stress : participez à des passe-temps ou à des exercices qui aident à maintenir un sentiment de normalité.

C. Assemblage d'une boîte à outils sur la santé mentale

En plus de la préparation physique, rassemblez des outils pour soutenir le bien-être mental :

Journaux : écrire ses pensées et ses sentiments peut aider à traiter les émotions.

Livres et jeux : ils offrent une distraction et un divertissement pendant les longues heures passées à l'intérieur.

Applications apaisantes : applications mobiles pour des exercices de méditation ou de relaxation guidés.

3. Gérer le stress pendant la tempête

A. Établir une routine

Maintenir un sentiment de normalité est crucial pour réduire l'anxiété.

Créez un horaire : planifiez des activités quotidiennes telles que des repas, de la lecture ou des jeux pour fournir une structure.

Fixez-vous des objectifs : concentrez-vous sur de petites tâches réalisables pour favoriser un sentiment d'accomplissement.

B. Rester informé sans surcharger

S'il est important de rester informé, une consommation excessive d'informations peut accroître l'anxiété.

Définir des limites : limitez le temps passé à regarder ou à lire les mises à jour sur les tempêtes.

Fiez-vous à des sources fiables : utilisez les canaux officiels pour obtenir des informations précises et opportunes.

C. Renforcer les liens sociaux

L'isolement pendant une tempête peut exacerber le stress, rendant la communication essentielle.

Enregistrez-vous avec vos proches : connectez-vous régulièrement avec votre famille et vos amis via des appels ou des SMS.

Soutien communautaire : engagez-vous avec les voisins pour partager des ressources et un soutien émotionnel.

Groupes en ligne : les communautés virtuelles peuvent offrir un sentiment de connexion et de solidarité.

D. Pratiquer des techniques de relaxation

Des exercices simples peuvent soulager le stress et les tensions immédiats.

Respiration profonde : inspirez profondément en comptant jusqu'à quatre, maintenez pendant quatre et expirez pendant quatre.

Relaxation musculaire progressive : contractez et détendez chaque groupe musculaire de manière séquentielle.

Visualisation : Imaginez une scène apaisante, comme une plage ensoleillée ou une forêt paisible.

4. Soutenir les enfants et les adolescents

A. Répondre aux craintes

Les enfants et les adolescents peuvent exprimer leur peur de diverses manières, par exemple en pleurant, en s'accrochant ou en passant à l'acte.

Communication ouverte : encouragez-les à partager leurs sentiments et à les rassurer.

Expliquez la situation : utilisez un langage adapté à leur âge pour les aider à comprendre ce qui se passe.

Validez leurs émotions : faites-leur savoir qu'il n'y a rien de mal à se sentir effrayé ou bouleversé.

B. Les garder engagés

L'ennui et l'inactivité peuvent intensifier l'anxiété chez les jeunes.

Activités interactives : les jeux de société, la narration et l'artisanat peuvent les occuper.

Opportunités éducatives : apprenez-leur les tempêtes hivernales et les mesures de sécurité de manière amusante.

Exercice physique : les activités intérieures comme le yoga ou la danse peuvent libérer l'énergie refoulée.

C. Surveillance des signes de stress

Faites attention aux changements de comportement qui peuvent indiquer des problèmes plus profonds.

Adhérence : Refuser de quitter le côté d'un parent.

Cauchemars ou troubles du sommeil : difficulté à s'endormir ou à rester endormi.

Retrait : éviter les interactions ou perdre tout intérêt pour ses activités préférées.

5. Gérer le stress après la tempête

A. Traitement de l'expérience

Les conséquences d'une tempête hivernale peuvent apporter un soulagement, mais aussi un stress persistant.

Débriefing en groupe : discutez de l'expérience avec votre famille ou vos colocataires pour partager vos points de vue et vos sentiments.

Reconnaissez vos réalisations : Célébrez la façon dont vous avez géré les défis et êtes resté en sécurité.

B. Faire face aux pertes financières et matérielles

Les dommages causés par la tempête peuvent entraîner un stress supplémentaire.

Demandez de l'aide : contactez les assureurs, les organisations humanitaires locales ou les programmes gouvernementaux pour obtenir de l'aide.

Concentrez-vous sur les petites étapes : divisez les tâches de récupération en actions gérables.

C. Routine de reconstruction

La reprise des activités normales contribue à renforcer un sentiment de stabilité.

Retour au travail ou à l'école : Réintégrer progressivement les responsabilités quotidiennes.

Maintenez des habitudes saines : poursuivez des pratiques telles que l'exercice régulier, une alimentation nutritive et un sommeil suffisant.

6. Savoir quand demander de l'aide

A. Signes de stress ou d'anxiété sévère

Même si un stress léger est normal, des problèmes plus graves peuvent nécessiter un soutien professionnel.

Tristesse ou irritabilité persistante : sentiments qui ne s'améliorent pas avec le temps.

Perturbations du sommeil : difficulté persistante à s'endormir ou à rester endormi.

Comportement d'évitement : réticence à s'engager dans des activités ou des conversations.

B. Accès aux ressources en santé mentale

De nombreux organismes offrent leur soutien pendant et après les tempêtes hivernales.

Hotlines : lignes d'assistance téléphonique nationales ou locales en matière de santé mentale.

Services de conseil : séances de thérapie virtuelles ou en personne.

Programmes communautaires : groupes de soutien et ateliers conçus pour la gestion du stress.

7. Le rôle de la communauté dans le bien-être mental

A. La force du nombre

Les communautés peuvent jouer un rôle essentiel en réduisant le stress lors d'une tempête hivernale.

Ressources partagées : la mise en commun des ressources telles que la nourriture et le carburant réduit les charges individuelles.

Soutien émotionnel : le partage d'expériences favorise la connexion et le réconfort mutuel.

Opportunités de bénévolat : Aider les autres peut donner un sentiment d'utilité et d'épanouissement.

B. Renforcer la résilience à long terme

Les communautés qui travaillent ensemble se rétablissent plus rapidement et sont mieux préparées aux futures tempêtes.

Plans d'urgence : Élaborer des stratégies de quartier pour la communication et le partage des ressources.

Ateliers sur la santé mentale : organisez des séances sur les stratégies d'adaptation et le bien-être émotionnel.

8. Histoires personnelles et leçons apprises

A. Études de cas sur la résilience

Mettre en valeur des expériences réelles peut inciter les autres à gérer efficacement leur stress.

Unité familiale : Un foyer qui a surmonté la peur grâce au travail d'équipe et à la communication.

Actes de gentillesse : des voisins qui se soutiennent mutuellement, favorisant ainsi un sentiment d'appartenance.

Adaptation créative : personnes qui ont utilisé l'art, la musique ou l'humour pour relever les défis.

Gérer le stress et l'anxiété pendant une tempête hivernale nécessite de la préparation, de l'adaptabilité et de la compassion, tant envers soi-même que envers les autres. En reconnaissant l'impact psychologique des tempêtes et en mettant en œuvre des stratégies de bien-être mental, les individus peuvent surmonter ces événements avec résilience et force. En fin de compte, donner la priorité à la santé émotionnelle garantit non seulement la survie, mais également la capacité de s'épanouir, quelle que soit la violence de la tempête.

7

Partie 4 : Récupération et reconstruction

Évaluer les dommages et prioriser les réparations : un guide étape par étape

A près le passage dévastateur d'une tempête hivernale, la tâche immédiate consistant à évaluer les dégâts et à prioriser les réparations est essentielle à une reprise en douceur. Même s'il est courant de se sentir dépassé par la suite, l'adoption d'une approche systématique peut contribuer à atténuer les effets de la tempête et permettre un retour rapide à la normale. Ce chapitre fournit un guide détaillé, étape par étape, pour évaluer les dommages causés à votre propriété, comprendre l'étendue des réparations nécessaires et organiser les tâches de manière à maximiser la sécurité, à minimiser les dommages supplémentaires et à se concentrer en premier sur les besoins essentiels.

PARTIE 4 : RÉCUPÉRATION ET RECONSTRUCTION

1. Considérations immédiates en matière de sécurité

A. Sécuriser les locaux

Avant d'entrer dans votre maison ou votre propriété pour évaluer les dégâts, il est important de prendre plusieurs précautions de sécurité immédiates :

Assurez-vous que l'alimentation est coupée : Si l'alimentation est toujours allumée, assurez-vous qu'elle est coupée au niveau du disjoncteur principal. Une tempête hivernale peut avoir provoqué des surtensions ou des problèmes de lignes électriques tombées en panne, ce qui pourrait entraîner des situations dangereuses telles que des incendies ou des électrocutions.

Évaluez d'abord l'intégrité structurelle de l'extérieur : examinez le toit, les fenêtres et les fondations de votre maison pour voir si des problèmes structurels majeurs, comme des fissures ou des déplacements, sont visibles de l'extérieur. La neige, la glace et le vent auraient pu compromettre l'intégrité structurelle. Il est donc préférable d'effectuer cette vérification initiale à une distance sécuritaire pour éviter les dangers potentiels à l'intérieur.

Restez à l'écart des lignes électriques tombées : si des lignes électriques sont tombées dans votre région, supposez qu'elles sont sous tension. Évitez-les complètement et prévenez immédiatement les services d'urgence. Dans certains cas, les arbres ou les branches endommagés peuvent être emmêlés aux lignes électriques, alors gardez un large périmètre.

Vérifiez les fuites de gaz : Si vous sentez une odeur de gaz ou entendez un sifflement, évacuez immédiatement et appelez les services d'urgence. Une fuite de gaz après une tempête pourrait être le résultat de canalisations cassées ou de compteurs de gaz endommagés.

B. Éviter les blessures physiques

Naviguer dans une zone endommagée par une tempête peut être dangereux. Voici comment vous pouvez vous protéger :

Portez des vêtements de protection : utilisez des bottes, des gants et des vêtements adaptés aux conditions météorologiques lors de l'évaluation des dommages afin d'éviter les coupures causées par des débris tranchants et l'hypothermie due à l'exposition au froid.

Surveillez la glace : La neige et la glace peuvent créer des conditions glissantes, ce qui facilite les glissades et les chutes. Prenez des mesures lentes et délibérées, surtout lorsque vous vous déplacez sur votre propriété.

2. Effectuer une visite préliminaire

A. Commencez par le toit et l'extérieur

Le toit subit souvent le poids de la force d'une tempête. La première étape consiste à évaluer tout dommage au toit avant d'y emménager.

Recherchez les dommages structurels : recherchez les signes évidents de dommages tels que des bardeaux manquants, des tuiles cassées ou de grandes dépressions. L'accumulation de neige, surtout lorsqu'elle est combinée à de la glace, peut provoquer l'effondrement ou l'affaissement des structures du toit. Dans certains cas, des barrages de glace peuvent s'être formés, bloquant un bon drainage, ce qui peut entraîner des dégâts d'eau à l'intérieur de la maison.

Évaluez les dommages causés aux gouttières et aux descentes pluviales : Vérifiez les gouttières pour déceler toute accumulation de glace ou tout dommage. Si des barrages de glace bloquent l'écoulement de l'eau, cela pourrait entraîner des fuites ou des dégâts d'eau à l'intérieur de la maison.

Inspectez le revêtement et les fenêtres : examinez les murs extérieurs pour déceler des fissures, des bosses ou des dommages causés par des chutes de débris, du vent ou de la glace. Assurez-vous que les fenêtres sont intactes : vérifiez s'il y a des fissures ou du verre brisé, et recherchez tout courant d'air qui pourrait indiquer un joint compromis ou une fenêtre brisée.

B. Se déplacer à l'intérieur

Une fois que vous avez vérifié l'extérieur, entrez prudemment à l'intérieur, en accordant une attention particulière aux dangers potentiels qui auraient pu être causés par la force de la tempête.

Inspectez les plafonds pour déceler des fuites : recherchez des signes de dégâts d'eau ou de moisissure, qui pourraient indiquer que la neige fondante est entrée par le toit. Les taches d'eau sur les plafonds sont un signal d'alarme pour des fuites potentielles et peuvent être le signe d'un problème de toiture plus important.

Vérifiez les dommages structurels : Inspectez les murs et les planchers pour déceler des fissures ou des déformations, surtout si vous vivez dans une région où des inondations ou une forte fonte des neiges auraient pu causer des problèmes d'humidité.

Assurez-vous que la fournaise est opérationnelle : Après la tempête, il est important de vérifier le système de chauffage. S'il y a des signes de dommages, comme un thermostat qui ne fonctionne pas ou une fuite visible autour des tuyaux, cela pourrait indiquer que des réparations sont nécessaires.

3. Documenter les dommages

A. Documentation photographique

Il est essentiel de documenter les dommages à des fins d'assurance, et ce processus doit être effectué avec soin et minutie.

Prenez des photos grand angle et en gros plan : commencez par des photos grand angle qui capturent l'intégralité de la scène. Ensuite, prenez des photos en gros plan de dommages spécifiques tels que des fissures dans les fondations ou des fenêtres brisées. Cela fournira aux experts en sinistres des preuves complètes pour étayer vos réclamations.

Photographiez toutes les zones affectées : assurez-vous que chaque zone affectée est photographiée, y compris les plafonds, les murs, les sols, les fenêtres et les structures externes. Prenez des photos avant d'effectuer toute réparation afin que votre compagnie d'assurance puisse évaluer les dégâts dans leur état d'origine.

Utilisez une caméra vidéo pour de meilleurs détails : une visite vidéo de votre maison peut aider à mieux saisir l'étendue des dégâts, offrant une représentation plus dynamique que des photos seules.

B. Liste des éléments pour les réclamations d'assurance

Créez une liste détaillée des articles endommagés pour étayer votre réclamation d'assurance. Cette liste doit comprendre :

Appareils électroménagers et électroniques : notez tous les articles tels que les réfrigérateurs, les micro-ondes ou les appareils de chauffage qui ont été endommagés en raison de la tempête.

Meubles : incluez les meubles endommagés ou détruits comme les canapés, les chaises ou les tables.

Objets personnels : répertoriez tous les objets personnels, vêtements ou objets de valeur qui ont été concernés. Plus la liste est détaillée et spécifique, mieux c'est.

C. Assurance et soutien au rétablissement

Une fois que vous avez documenté tous les dommages, contactez votre assureur pour obtenir de l'aide. Partagez avec eux vos photographies, votre documentation vidéo et votre liste détaillée. Assurez-vous de donner suite à tous les formulaires requis ou informations supplémentaires dont ils pourraient avoir besoin pour traiter votre demande efficacement.

4. Priorisation des réparations et des plans d'action

A. Évaluation des besoins immédiats

La première étape pour prioriser les réparations est de se concentrer sur la santé et la sécurité. Voici un aperçu de ce qu'il faut considérer :

Intégrité du toit et de la structure : S'il y a des dommages visibles au toit, aux murs ou aux fondations, ceux-ci doivent être réparés en premier. Une fuite sur le toit, par exemple, pourrait entraîner des dommages supplémentaires à l'intérieur, surtout si de l'eau s'infiltre dans l'isolation, les systèmes électriques ou les cloisons sèches.

Fuites d'eau et de gaz : toute fuite, qu'il s'agisse d'eau, de gaz ou d'eaux usées, doit être réparée immédiatement. Ces fuites peuvent entraîner des conditions dangereuses telles qu'une inondation, un incendie ou des risques pour la santé.

Systèmes d'électricité et de chauffage : assurez-vous que tous les systèmes de chauffage, les lignes électriques et la conduite de gaz fonctionnent correctement. Si vous ne parvenez pas à restaurer la chaleur en raison de dommages au système CVC, demandez immédiatement l'aide d'un professionnel.

Problèmes d'isolation : Les courants d'air froids ou les tuyaux gelés peuvent causer des dommages à long terme à votre maison. Il convient de sceller toutes les ouvertures et d'empêcher toute infiltration supplémentaire d'eau ou d'air froid dès que possible.

B. Faire face aux dégâts d'eau

Les dégâts des eaux peuvent s'aggraver rapidement, surtout à la suite d'une tempête hivernale. Si des inondations ou des fuites ont affecté votre maison :

Zones sèches et humides : utilisez des ventilateurs, des radiateurs et des déshumidificateurs pour sécher les zones humides. Plus l'humidité persiste longtemps dans votre maison, plus le risque de croissance de moisissures est grand.

Retirez les objets endommagés : tous les meubles, moquettes ou autres matériaux ayant absorbé de l'eau doivent être retirés et séchés ou jetés.

Inspecter la moisissure : Même après séchage, la moisissure peut commencer à se former en aussi peu que 24 à 48 heures. Recherchez des signes de croissance de moisissures sur les murs, les sols et les plafonds, en particulier dans les sous-sols ou dans les zones très humides.

C. Réparation des fenêtres et des portes brisées

Si les fenêtres ou les portes ont été endommagées, elles doivent être scellées immédiatement pour éviter d'autres dommages causés par les intempéries. Des solutions temporaires telles que des bâches en plastique ou du contre-plaqué peuvent être utilisées jusqu'à ce que des réparations permanentes puissent être effectuées. Sécuriser ces ouvertures garantit également que votre maison reste protégée contre les courants d'air et les risques de sécurité.

D. Gérer les barrages de glace et les problèmes de toiture

Les barrages de glace peuvent causer des dégâts importants s'ils ne sont pas traités. Si votre maison est sensible aux barrages de glace :

Enlevez l'excès de glace et de neige : Enlevez soigneusement la neige du toit à l'aide d'un râteau ou engagez un professionnel pour assurer la sécurité. Cela évite l'accumulation de glace supplémentaire qui pourrait endommager davantage le toit.

Vérifiez les fuites des barrages de glace : Les barrages de glace bloquent souvent l'écoulement de l'eau, entraînant des fuites à l'intérieur de la maison. Si vous remarquez des taches d'eau ou des fuites au plafond, agissez immédiatement pour arrêter le débit d'eau.

5. Inspections après réparation et entretien continu

A. Vérifier l'intégrité structurelle après les réparations

Après avoir effectué les réparations nécessaires, inspectez les travaux pour vous assurer que tout a été correctement réparé. Si la structure de votre maison a été compromise (par exemple, fondations ou toit endommagés), il est important qu'un ingénieur ou un entrepreneur professionnel vérifie l'intégrité des réparations.

B. Effectuer une inspection annuelle

Une fois les réparations immédiates effectuées, envisagez de planifier une inspection annuelle pour éviter de futurs problèmes. Vérifiez le toit, les fenêtres et le sous-sol pour déceler les faiblesses potentielles qui pourraient entraîner des dommages supplémentaires en cas de nouvelle tempête.

6. Aspects émotionnels et psychologiques de la réparation de votre maison

A. Gérer le stress pendant le processus de récupération

Le processus de reconstruction après une tempête peut être éprouvant mentalement et émotionnellement. Il est important d'être patient avec vous-même et avec les autres. Reconnaissez le stress et prenez le temps de faire un débriefing avec votre famille ou vos amis.

Répartir les tâches : évitez de vous surcharger en vous attaquant à un projet à la fois. De petites étapes gérables peuvent rendre le processus global de rétablissement moins intimidant et plus réalisable.

B. Demandez l'aide d'un professionnel en cas de besoin

Il est important de se rappeler que vous n'êtes pas obligé de tout gérer vous-même. Si les dégâts sont importants ou si vous vous sentez dépassé, il peut être utile de faire appel à des entrepreneurs professionnels pour vous aider à effectuer les réparations. Qu'il s'agisse de réparations de toiture, de réparations de plomberie ou d'élimination de moisissures, les professionnels peuvent fournir l'expertise nécessaire pour restaurer votre maison de manière sûre et efficace.

C. Appuyez-vous sur votre réseau de soutien

En période de reprise après sinistre, disposer d'un réseau d'assistance solide est inestimable. Contactez les voisins, les amis et les membres de la famille qui peuvent vous donner un coup de main. Ils peuvent fournir à la fois un soutien émotionnel et une aide pratique, qu'il s'agisse d'aider à des réparations physiques, de proposer un logement ou simplement d'être là pour parler.

7. Considérations à long terme pour renforcer votre maison

Après avoir évalué les dégâts, effectué les réparations nécessaires et terminé le processus de récupération, envisagez de prendre des mesures proactives pour prévenir les dommages causés par de futures tempêtes hivernales.

A. Amélioration des systèmes d'isolation et de chauffage

Si les systèmes de chauffage et d'isolation de votre maison ont été considérablement touchés par la tempête, cela pourrait être une bonne occasion d'effectuer des améliorations. Une isolation de haute qualité et un système de chauffage efficace peuvent réduire les coûts énergétiques tout en évitant les pertes de chaleur lors de futures tempêtes. Pensez à ajouter une isolation supplémentaire aux greniers, aux murs et aux sous-sols pour garder votre maison plus chaude en cas de températures extrêmes et réduire le risque de gel des tuyaux.

B. Renforcement du toit et de l'extérieur

Pour les maisons dont le toit a été endommagé ou qui ont subi des barrages de glace, prendre des mesures préventives pour fortifier votre toit et votre extérieur peut vous éviter bien des ennuis au cours des prochains hivers. Installer une ventilation adéquate sur le toit, sceller les espaces autour des fenêtres et des portes et renforcer l'intégrité structurelle de votre toit peut aider à minimiser les dommages causés par la neige abondante, la glace ou le vent lors de futures tempêtes.

C. Entretien des arbres

Les arbres et branches tombés sont l'un des principaux contributeurs aux dégâts causés par les tempêtes hivernales. Tailler et entretenir régulièrement les arbres à proximité de votre maison peut aider à réduire la probabilité qu'ils causent des dommages importants lors de futures tempêtes. De plus, l'enlèvement des arbres morts ou malades peut empêcher leur chute lors de la prochaine tempête.

D. Préparation aux situations d'urgence en cas de futures tempêtes

S'il est important d'évaluer et de réparer les dégâts causés par la tempête, il est tout aussi essentiel de s'assurer que vous êtes mieux préparé aux tempêtes futures. Cela signifie mettre à jour votre trousse d'urgence avec de nouvelles fournitures, envisager un générateur de secours et revoir régulièrement votre plan de tempête. Se préparer dès maintenant à la prochaine tempête facilitera sa gestion en cas de besoin.

Se remettre d'une tempête hivernale est un processus difficile qui nécessite une approche méthodique et bien planifiée. En évaluant soigneusement les dégâts, en documentant tout et en priorisant les réparations en fonction de la sécurité, des besoins immédiats et des objectifs à long terme, vous pouvez minimiser l'impact de la tempête et restaurer votre maison dans un état sûr et habitable.

N'oubliez pas que le processus de rétablissement ne consiste pas seulement à réparer des dommages physiques : il s'agit également de gérer les impacts émotionnels et psychologiques. Soyez gentil avec vous-même et vos proches pendant cette période difficile. L'objectif n'est pas seulement de reconstruire votre maison, mais également de garantir que vous, votre famille et votre communauté puissiez faire face aux futures tempêtes avec résilience, préparation et force.

Avec la bonne approche, les conséquences d'une tempête hivernale peuvent devenir une opportunité de croissance, tant en termes de préparation de votre maison que de force personnelle. Procédez étape par étape et, avec le temps, votre maison sera non seulement restaurée, mais également mieux équipée pour faire face aux défis qui pourraient survenir.

Reconstruction et rétablissement : soutien émotionnel et financier

Se reconstruire et se rétablir après une tempête hivernale, tant sur le plan émotionnel que financier, est un processus à multiples facettes. Il ne s'agit pas seulement de réparer les dommages physiques causés aux habitations, aux entreprises et aux infrastructures ; il s'agit également de faire face aux conséquences émotionnelles qu'un tel événement peut avoir sur les individus et les familles. L'aspect financier du rétablissement est tout aussi important, qui peut impliquer de faire face aux coûts des réparations, des réclamations d'assurance et de trouver des moyens de reconstruire sa vie, souvent à partir d'un point de vulnérabilité. Ce chapitre explorera les défis émotionnels et financiers du rétablissement, en fournissant des conseils et des stratégies pour les surmonter.

1. Récupération émotionnelle après une tempête hivernale

Les tempêtes hivernales peuvent avoir un profond impact émotionnel sur ceux qui les subissent. La destruction des biens, le déplacement des maisons et la perturbation de la vie quotidienne peuvent entraîner des sentiments de tristesse, de frustration et d'anxiété. Il est important de reconnaître que la récupération émotionnelle est tout aussi cruciale que la récupération physique, car la santé mentale peut affecter considérablement la capacité à faire face au stress de la reconstruction.

A. Reconnaître l'impact émotionnel

Il est courant que les individus éprouvent toute une gamme d'émotions à la suite d'une tempête hivernale. Ceux-ci peuvent inclure :

Choc et incrédulité : Lorsque les dégâts sont découverts pour la première fois, un sentiment de choc peut survenir, en particulier si la tempête a provoqué des destructions inattendues.

Deuil et perte : Les gens pleurent souvent la perte de leurs effets personnels, la perturbation de leurs routines et même la destruction de leur maison ou de leur communauté. Dans des cas extrêmes, la mort ou des blessures graves peuvent exacerber ces sentiments.

Peur et anxiété : L'incertitude quant au temps que prendra la reprise et la possibilité de nouvelles tempêtes peuvent conduire à une anxiété accrue, en particulier pour ceux qui ont été pris au dépourvu par la gravité de la tempête.

Frustration : Le processus de rétablissement peut être long et stressant, entraînant des sentiments de frustration, en particulier lorsqu'il s'agit de compagnies d'assurance, d'entrepreneurs et d'autres parties impliquées dans le processus de reconstruction.

Espoir et résilience : Malgré le choc émotionnel initial, de nombreuses personnes trouvent force et résilience alors qu'elles entament le processus de reconstruction de leur vie.

B. Mécanismes d'adaptation et systèmes de soutien

Les conséquences émotionnelles d'une tempête hivernale peuvent être intenses, mais il existe des moyens efficaces de gérer les défis émotionnels. Voici plusieurs stratégies d'adaptation :

Connectez-vous avec les autres : l'une des choses les plus importantes que vous puissiez faire à la suite d'une tempête est de vous appuyer sur votre réseau de soutien. La famille, les amis, les voisins et même les collègues peuvent apporter un soutien émotionnel pendant cette période difficile. Les liens sociaux aident à atténuer les sentiments d'isolement et peuvent procurer un sentiment de solidarité pendant le processus de rétablissement.

Demandez l'aide d'un professionnel : Pour ceux qui ont du mal à faire face aux conséquences d'une tempête hivernale, parler à un thérapeute ou à un conseiller peut être extrêmement utile. Les professionnels de la santé mentale peuvent proposer des stratégies pour gérer le stress, l'anxiété et les traumatismes, et fournir un soutien émotionnel à ceux qui font face aux conséquences émotionnelles d'une catastrophe.

Prenez soin de vous : prendre soin de votre bien-être physique et émotionnel est crucial pendant le processus de rétablissement. Des activités simples comme manger des aliments nutritifs, dormir suffisamment, faire de l'exercice et s'adonner à des passe-temps peuvent aider à rétablir un sentiment d'équilibre. Il est également utile de s'accorder du temps pour se reposer et se ressourcer, en reconnaissant que la récupération ne se fait pas du jour au lendemain.

Établissez des routines : les tempêtes peuvent perturber profondément la vie quotidienne. Il est donc important de rétablir les routines dès que possible. Avoir des horaires réguliers pour les repas, le sommeil, le travail et la détente peut aider à fournir une structure en période de chaos.

Techniques de pleine conscience et de soulagement du stress : des pratiques telles que la respiration profonde, la méditation, le yoga et la tenue d'un journal peuvent être extrêmement efficaces pour gérer le stress et l'anxiété. Prendre le temps chaque jour de réfléchir, de respirer profondément ou de faire des exercices de relaxation peut aider à gérer la charge mentale du processus de récupération.

Soyez patient avec vous-même et avec les autres : il est normal que les émotions soient fortes pendant la guérison, et il est important de reconnaître que la guérison prend du temps. Donnez-vous, ainsi qu'à ceux qui vous entourent, la grâce pendant que vous traversez tous le processus difficile de reconstruction.

C. Le rôle du soutien communautaire

Même si le rétablissement émotionnel individuel est essentiel, le rôle de la communauté ne peut être surestimé. Après une tempête hivernale, les communautés se rassemblent souvent pour se soutenir mutuellement. Cela peut prendre la forme de fournir un abri, de la nourriture et des ressources à ceux qui ont perdu leur maison, d'organiser des efforts de nettoyage ou simplement d'offrir une oreille attentive. Le pouvoir du soutien communautaire peut améliorer considérablement le processus de rétablissement émotionnel, en procurant aux personnes un sentiment d'appartenance et en leur rappelant qu'elles ne sont pas seules dans leurs luttes.

Le soutien communautaire peut également inclure l'aide aux personnes vulnérables, telles que les personnes âgées, handicapées ou celles ayant de jeunes enfants, qui peuvent être confrontées à des difficultés supplémentaires dans le processus de rétablissement. Le temps, les ressources et l'expertise du bénévolat peuvent également être extrêmement précieux dans le processus de reconstruction, permettant aux gens non seulement de se rétablir physiquement, mais également de reconstruire leur sens de la communauté et leur but.

2. Reprise financière et soutien après une tempête hivernale

Les aspects financiers du rétablissement après une tempête hivernale peuvent être tout aussi difficiles, sinon plus, que le rétablissement émotionnel. Les coûts associés à la réparation des dommages, au remplacement des biens perdus ou endommagés et au traitement des réclamations d'assurance peuvent rapidement s'accumuler, et de nombreux particuliers et entreprises peuvent se retrouver financièrement vulnérables à la suite de la tempête. Cependant, avec une planification, des connaissances et un soutien appropriés, le rétablissement financier est réalisable.

A. Comprendre les coûts du rétablissement

Après une tempête hivernale, les coûts de rétablissement peuvent varier considérablement selon la gravité des dégâts. Les tempêtes majeures peuvent provoquer des dégâts considérables, notamment des dommages au toit, des fenêtres brisées, des inondations, des pannes de courant et même des dommages structurels aux maisons et aux entreprises. En plus des réparations physiques, il y a d'autres coûts à considérer, tels que :

Logement temporaire : Si votre logement est inhabitable, vous devrez peut-être trouver un logement temporaire. Cela peut impliquer de séjourner chez des amis ou en famille, de louer une chambre d'hôtel ou de trouver un bien à louer. Les coûts d'un logement temporaire peuvent s'accumuler rapidement, surtout si vous devez rester dans ce logement pendant une période prolongée.

Perte de revenus : Dans certains cas, les tempêtes hivernales peuvent entraîner des absences de travail, soit en raison de dommages matériels, soit en raison de la fermeture d'entreprises. Cette perte de revenus peut rendre plus difficile la possibilité de payer des réparations, de payer un logement temporaire ou de remplir d'autres obligations financières.

Franchises d'assurance : Même avec une couverture d'assurance, vous pourriez être tenu de payer des franchises avant que les réparations puissent être effectuées. De plus, certains dommages, tels que les dommages causés par les inondations, peuvent ne pas être couverts par les polices d'assurance habitation standard, ce qui entraîne des coûts inattendus.

PARTIE 4 : RÉCUPÉRATION ET RECONSTRUCTION

Remplacement de biens : Les tempêtes hivernales peuvent entraîner la perte ou l'endommagement de biens personnels, comme des appareils électroménagers, des meubles et des appareils électroniques. Le remplacement de ces éléments peut ajouter des coûts importants au processus de récupération.

Réparations et reconstruction : Qu'il s'agisse de réparer un toit endommagé, de remplacer des fenêtres ou de réparer un sous-sol inondé, les coûts de réparation peuvent varier considérablement en fonction de l'ampleur des dommages. Les propriétaires devront peut-être également faire appel à des entrepreneurs pour garantir que les réparations sont effectuées correctement et en toute sécurité.

B. Assurance et sinistres

Pour de nombreuses personnes, la première étape pour se rétablir financièrement après une tempête consiste à déposer une réclamation auprès d'une assurance. Les polices d'assurance habitation peuvent couvrir certains types de dommages causés par la tempête, tels que les dommages au toit ou aux biens causés par la chute d'arbres. Cependant, tous les dommages liés aux tempêtes ne sont pas couverts. Il est donc important de comprendre les spécificités de votre police d'assurance.

Révisez votre police : Avant de déposer une réclamation, prenez le temps de réviser votre police d'assurance pour comprendre la couverture et les exclusions. En cas de doute, contactez votre agent d'assurance pour discuter de vos options. Savoir ce qui est couvert et ce qui ne l'est pas vous aidera à mieux naviguer dans le processus de réclamation.

Documenter les dommages : L'une des étapes les plus importantes du dépôt d'une réclamation d'assurance consiste à documenter les dommages. Prenez des photos et des vidéos de tous les dégâts et conservez une trace de toutes les conversations avec votre compagnie d'assurance. Cette documentation sera essentielle pour garantir que votre réclamation soit traitée efficacement.

Déposez la réclamation rapidement : De nombreuses polices d'assurance exigent que les réclamations soient déposées dans un certain délai après la tempête. Assurez-vous de déposer votre réclamation le plus tôt possible pour éviter de manquer les délais.

Obtenez des estimations et des devis : Dans certains cas, votre compagnie d'assurance peut exiger des estimations ou des devis d'entrepreneurs pour déterminer le coût des réparations. C'est une bonne idée d'obtenir plusieurs devis pour vous assurer de recevoir un prix équitable pour le travail à effectuer.

Effectuez un suivi régulier : Le processus de réclamation d'assurance peut être lent et il est important d'effectuer un suivi régulier auprès de votre compagnie d'assurance pour vous assurer que votre réclamation est traitée. Restez en contact avec eux et demandez des mises à jour si nécessaire.

C. Aide gouvernementale et caritative

En plus de l'assurance, il existe d'autres formes d'aide financière offertes aux personnes touchées par les tempêtes hivernales. Les programmes gouvernementaux, les organisations à but non lucratif et les ressources communautaires peuvent offrir un soutien financier, une aide ou des fournitures pour aider au rétablissement.

FEMA et aide gouvernementale : L'Agence fédérale de gestion des urgences (FEMA) fournit une assistance aux individus et aux ménages touchés par des catastrophes, y compris les tempêtes hivernales. Si votre région a été déclarée zone sinistrée, vous pourriez être éligible aux subventions de la FEMA pour vous aider au logement, aux réparations et à d'autres dépenses liées à la catastrophe. L'assistance de la FEMA peut également inclure un abri temporaire, les frais de transport et les factures médicales.

Programmes des États et des gouvernements locaux : de nombreux États et gouvernements locaux offrent une aide financière d'urgence aux résidents touchés par les tempêtes hivernales. Cela peut inclure des subventions pour les réparations domiciliaires, l'assistance aux services publics et d'autres dépenses liées au rétablissement. Contactez les bureaux du gouvernement local ou les organismes communautaires pour obtenir des informations sur les programmes disponibles.

Organisations à but non lucratif : les organisations à but non lucratif telles que la Croix-Rouge américaine, l'Armée du Salut et d'autres organisations caritatives locales fournissent souvent des secours en cas de catastrophe sous la forme d'une aide financière, de nourriture, de vêtements et d'un abri temporaire. Beaucoup de ces organisations fournissent également un soutien émotionnel et des ressources de rétablissement pour aider les gens à naviguer dans le processus de reconstruction.

D. Budgétisation pour la relance

La reconstruction après une tempête hivernale nécessite une approche prudente en matière de budgétisation. Compte tenu du large éventail de coûts impliqués, il est important de créer un plan financier détaillé qui tient compte des dépenses immédiates et à long terme. Cela permet de garantir que vous gérez efficacement vos ressources disponibles, en minimisant le stress et en maximisant votre capacité de récupération. Vous trouverez ci-dessous quelques stratégies clés pour établir un budget pendant le processus de rétablissement.

1. Évaluer les besoins financiers immédiats

Lorsque vous démarrez le processus budgétaire, il est essentiel d'évaluer vos besoins financiers immédiats. Ce sont les coûts que vous devrez régler en premier, comme le logement temporaire, la nourriture et les besoins médicaux. Vous devrez peut-être également prioriser les dépenses liées à la sécurité, telles que les réparations d'urgence, afin d'éviter d'autres dommages à votre maison.

Abri et logement temporaires : Si votre maison n'est pas sécuritaire à occuper, vous devrez peut-être séjourner dans un logement temporaire, comme un hôtel, ou trouver un abri chez des amis ou de la famille. Ces coûts peuvent être importants, surtout si vous devez séjourner dans un logement temporaire pendant une période prolongée.

Nourriture et produits de première nécessité : à la suite d'une tempête, les épiceries peuvent être fermées et les transports peuvent être limités. Faire des réserves de denrées non périssables et d'articles essentiels devrait faire partie de votre budget à court terme.

Frais de transport et de déplacement : Si la tempête a perturbé les transports locaux, vous devrez peut-être trouver d'autres moyens de voyager. Cela pourrait inclure la location d'une voiture ou l'utilisation de services de covoiturage pour se déplacer, surtout si les transports en commun ne sont pas disponibles.

2. Comptabiliser les frais d'assurance et de réparation

Ensuite, il est important de calculer les franchises d'assurance, le coût des réparations et le remplacement des articles essentiels endommagés par la tempête. Bien que l'assurance puisse couvrir certains de ces coûts, les propriétaires devront probablement payer certaines dépenses de leur poche, telles que les franchises et les éléments non couverts par la police.

Franchises d'assurance : Les polices d'assurance habitation incluent généralement une franchise qui doit être payée avant que la compagnie d'assurance ne couvre le coût des réparations. Cette franchise peut varier de quelques centaines à plusieurs milliers de dollars. Assurez-vous d'en tenir compte dans vos dépenses immédiates lors de la budgétisation de la reprise.

Coûts de réparation : Les réparations constitueront probablement l'une des dépenses les plus importantes après une tempête hivernale. Selon l'ampleur des dégâts, vous devrez peut-être faire appel à des entrepreneurs pour réparer les problèmes structurels, remplacer les fenêtres ou réparer la plomberie. Il est important d'obtenir des devis de plusieurs entrepreneurs et de choisir les options les plus abordables et les plus fiables pour respecter votre budget.

3. Explorez les options d'aide financière

En plus de votre couverture d'assurance, vous devriez explorer les options d'aide financière qui peuvent être disponibles auprès de programmes gouvernementaux ou d'organisations caritatives. Ceux-ci peuvent aider à compenser le coût des réparations et à alléger les autres dépenses liées au rétablissement.

Aide aux sinistrés au niveau fédéral et étatique : comme mentionné précédemment, la FEMA et d'autres agences gouvernementales fournissent des fonds de secours en cas de catastrophe qui peuvent aider au logement, aux réparations et à d'autres dépenses. Assurez-vous de demander cette aide le plus tôt possible pour éviter les retards.

Organisations à but non lucratif : de nombreuses organisations à but non lucratif fournissent une aide financière, notamment des subventions, des prêts et des dons, pour aider les personnes touchées par des catastrophes. De plus, ils fournissent souvent des services tels que la distribution de nourriture et un hébergement temporaire.

4. Donner la priorité à la reprise financière à long terme

Une fois les besoins immédiats satisfaits, il est temps de se concentrer sur le processus de redressement financier à plus long terme. Cela impliquera de gérer les coûts permanents, tels que le paiement de l'hypothèque ou du loyer, les factures de services publics et le remplacement des biens perdus ou endommagés.

Reconstitution de l'épargne : il est courant que les gens puisent dans leurs comptes d'épargne pendant le processus de redressement. Il est toutefois essentiel de commencer à reconstituer son épargne le plus tôt possible pour maintenir une stabilité financière à long terme.

Gestion des dettes : De nombreuses personnes se tournent vers les cartes de crédit, les prêts personnels ou les marges de crédit pour couvrir les coûts de reprise après sinistre. Si vous avez contracté des dettes supplémentaires, assurez-vous d'en tenir compte dans votre budget à long terme. Concentrez-vous d'abord sur le remboursement des dettes à taux d'intérêt élevé et travaillez avec les créanciers pour prolonger les délais de paiement si nécessaire.

Retraite et assurance : En période de difficultés financières, il peut être tentant de reporter ses cotisations de retraite ou de retarder le paiement de son assurance. Il est toutefois essentiel de poursuivre ces versements pour maintenir votre santé financière à long terme. Envisagez de discuter avec un conseiller financier des stratégies permettant d'équilibrer votre reprise à court terme avec vos objectifs d'épargne à long terme.

5. Reconstruire votre avenir financier

À mesure que vous progressez dans le processus de reprise, il est important de réfléchir à l'impact d'une tempête hivernale sur votre avenir financier. Les tempêtes hivernales peuvent rappeler l'importance de la préparation aux catastrophes, tant en termes de propriété physique que de stabilité financière. Voici quelques mesures clés que vous pouvez prendre pour rebâtir votre avenir financier :

Révisez et mettez à jour votre couverture d'assurance : Après avoir traversé une tempête, il est important de revoir vos polices d'assurance. Assurez-vous que votre couverture est adéquate pour votre maison et vos biens, et envisagez d'ajouter une couverture contre les inondations ou les tremblements de terre, le cas échéant. Passez en revue votre franchise et apportez les ajustements nécessaires pour équilibrer l'abordabilité et une couverture suffisante.

Créez un fonds d'urgence : Si vous n'aviez pas de fonds d'urgence avant la tempête, il est maintenant temps de commencer à en constituer un. Essayez d'économiser au moins trois à six mois de frais de subsistance pour vous assurer d'être financièrement prêt à faire face à de futures tempêtes ou autres urgences.

Éducation financière : envisagez de prendre des mesures pour vous renseigner sur les finances personnelles, la préparation aux catastrophes et la gestion des risques. Apprendre à gérer efficacement vos finances peut vous aider à éviter de prendre des décisions financières impulsives pendant le processus de rétablissement et à vous préparer aux défis futurs.

3. Reprise et résilience à long terme

Reconstruire après une tempête hivernale ne consiste pas seulement à récupérer des biens physiques et financiers, il s'agit également de restaurer votre sentiment de stabilité et de résilience. Le rétablissement à long terme implique à la fois la reconstruction des infrastructures et le rétablissement du bien-être émotionnel des personnes et des familles touchées. Même si le processus peut prendre des mois, voire des années, les enseignements tirés du relèvement peuvent aider les communautés à devenir plus résilientes face aux futures tempêtes.

A. Renforcer la résilience dans la communauté

Le processus de reconstruction après une tempête hivernale est également une opportunité de renforcer la résilience des communautés. En nous concentrant sur la création de communautés plus fortes et plus résilientes, nous pouvons mieux nous préparer aux tempêtes et catastrophes futures. Voici plusieurs façons de renforcer la résilience après une tempête :

Renforcer les réseaux communautaires : Les liens établis au cours du processus de rétablissement peuvent servir de base à la construction de réseaux communautaires plus solides. En organisant des réunions régulières, des groupes de bénévoles et des événements de préparation aux catastrophes, les communautés peuvent accroître leur capacité à répondre aux défis futurs.

Investir dans les infrastructures : à mesure que les communautés se reconstruisent, il est important d'envisager des investissements à long terme dans les infrastructures susceptibles d'atténuer les effets des futures tempêtes. Cela peut inclure l'amélioration des routes, la modernisation des services publics, le renforcement des maisons et l'expansion des services d'urgence.

Promouvoir la préparation aux catastrophes : les communautés devraient également se concentrer sur l'éducation des individus en matière de préparation aux catastrophes. En fournissant des ressources et une formation sur la façon de se préparer aux tempêtes hivernales, les communautés peuvent réduire l'impact des événements futurs et garantir que les résidents sont mieux équipés pour faire face aux situations d'urgence.

B. Soutenir les populations vulnérables

PARTIE 4 : RÉCUPÉRATION ET RECONSTRUCTION

Dans le cadre du processus de reconstruction, il est essentiel de se concentrer sur les besoins des populations vulnérables, telles que les personnes âgées, les personnes handicapées et les familles à faible revenu. Ces groupes sont souvent confrontés à de plus grandes difficultés à la suite d'une tempête, notamment en matière d'accès aux abris, aux transports et aux ressources.

Aide ciblée : le gouvernement et les organisations à but non lucratif peuvent offrir une aide ciblée à ces groupes, en fournissant un soutien spécialisé tel que des aides à la mobilité, des réparations domiciliaires et une aide financière pour les besoins de base.

Plaidoyer et changement de politique : plaider en faveur de politiques qui répondent aux besoins des populations vulnérables est un élément important du relèvement à long terme. Cela peut inclure la promotion d'efforts de secours plus inclusifs, d'initiatives en matière de logements abordables et d'un meilleur accès aux soins de santé et aux services sociaux.

C. Trouver l'espoir et aller de l'avant

En fin de compte, reconstruire et se remettre d'une tempête hivernale ne consiste pas seulement à restaurer les infrastructures physiques ; il s'agit aussi de trouver de l'espoir et d'aller de l'avant. En mettant l'accent sur la résilience, le soutien communautaire et le bien-être émotionnel, les individus et les communautés peuvent sortir de la tempête plus forts qu'avant.

Le rétablissement est un processus et, même s'il peut prendre du temps, l'expérience peut également favoriser un sentiment de solidarité, de compassion et de résilience. En nous soutenant les uns les autres et en nous concentrant sur des solutions à long terme, nous pouvons bâtir un avenir mieux préparé à résister aux défis posés par les tempêtes hivernales et autres catastrophes naturelles.

Reconstruire et se rétablir après une tempête hivernale est un parcours difficile, mais il offre également des opportunités de croissance, de résilience et de renouveau. Avec un soutien émotionnel adéquat, une planification financière et un engagement communautaire adéquats, les individus et les communautés peuvent se remettre de ces événements dévastateurs et en sortir encore plus forts. Qu'il s'agisse de reconstruire des maisons, de rétablir les finances ou simplement de retrouver l'espoir au milieu de l'adversité, le chemin vers la reprise est un chemin de force et de persévérance.

8

Leçons apprises : Réflexion sur l'expérience et préparation aux futures tempêtes hivernales

Réfléchir à l'expérience de survivre et de se remettre d'une tempête hivernale est une partie essentielle du voyage. Comprendre ce qui a été appris de l'événement et utiliser ces connaissances pour se préparer aux futures tempêtes peut renforcer la résilience personnelle, améliorer les efforts de réponse de la communauté et atténuer les impacts des catastrophes futures. Même si les conséquences d'une tempête hivernale peuvent être dévastatrices, les enseignements tirés peuvent conduire à une meilleure préparation, à des systèmes de soutien plus solides et à des communautés plus résilientes. Ce chapitre explorera comment les individus, les familles et les communautés peuvent réfléchir à leurs expériences et utiliser ces connaissances pour se préparer aux futures tempêtes hivernales.

1. L'importance de la réflexion : comprendre le parcours émotionnel

Le processus de réflexion sur une tempête hivernale va au-delà de l'évaluation des dommages physiques ou de l'examen des efforts de redressement financier. Il comprend un voyage émotionnel profond qui aide les individus et les familles à comprendre comment ils ont fait face, ce qu'ils ont appris sur eux-mêmes et comment ils peuvent tirer profit de cette expérience. Les tempêtes hivernales sont des événements puissants qui peuvent changer des vies de nombreuses façons, affectant non seulement les maisons et les biens, mais aussi la santé mentale et émotionnelle de ceux qui les subissent.

Réfléchir au voyage émotionnel implique de considérer les éléments suivants :

A. Impact émotionnel pendant la tempête

L'expérience d'endurer une tempête hivernale peut évoquer toute une gamme d'émotions. Pour certains, la première prise de conscience de l'ampleur de la tempête peut déclencher de la peur, de l'incertitude et de l'anxiété. La perte d'électricité, la perturbation des routines quotidiennes et les conditions difficiles d'être coincé à l'intérieur peuvent sembler accablantes.

Peur et anxiété : La peur est l'une des réactions émotionnelles les plus courantes lors d'une tempête hivernale. Les gens craignent pour leur sécurité, celle de leurs proches et la protection de leur foyer. Pour ceux qui vivent dans des régions confrontées à un froid extrême ou à une forte accumulation de neige, la menace d'hypothermie ou d'être bloqué peut amplifier les niveaux d'anxiété.

Frustration et impuissance : Alors que la tempête fait rage, les gens éprouvent souvent de la frustration. L'incapacité de quitter leur domicile, l'inconvénient d'être coupé de leur famille ou de leurs amis et l'incertitude constante quant à la fin de la tempête peuvent conduire à un sentiment d'impuissance. La perte de contrôle dans de telles situations est une réponse émotionnelle puissante.

Espoir et résilience : Même si le bilan émotionnel d'une tempête peut être lourd, il existe également des moments d'espoir et de résilience. Les gens se réunissent souvent pour s'entraider, en offrant leur aide aux voisins ou en se portant volontaires pour les efforts de rétablissement. Ces actes de gentillesse et de solidarité donnent un sens à la vie et à l'espoir, aidant les individus à surmonter les difficultés émotionnelles de la tempête.

B. Récupération émotionnelle après la tempête

Une fois le danger immédiat de la tempête passé, la récupération émotionnelle devient un élément important du processus de reconstruction. Réfléchir au parcours émotionnel peut aider les individus à reconnaître les défis psychologiques auxquels ils ont été confrontés et à comprendre comment ils ont géré ces émotions.

Faire face au deuil et à la perte : Les tempêtes hivernales peuvent causer des dommages importants aux maisons, aux biens et parfois même aux vies. Pour beaucoup, la perte d'objets personnels ou la destruction de leur maison peuvent entraîner un sentiment de chagrin. Il est essentiel de reconnaître ce chagrin et de laisser le temps de guérir. Se connecter avec un réseau de soutien et parler à un conseiller ou à un thérapeute peut aider à traiter ces émotions.

Rétablir un sentiment de normalité : Reconstruire et restaurer un sentiment de normalité après une tempête hivernale est un processus graduel. Établir une routine, faire de petits pas pour récupérer et célébrer de petites victoires, comme retrouver l'électricité ou terminer des réparations, peut aider les individus à retrouver un sentiment de contrôle et de stabilité.

Sensibilisation à la santé mentale : Au lendemain d'une tempête, il est essentiel d'être conscient des problèmes potentiels de santé mentale qui peuvent survenir, comme le trouble de stress post-traumatique (SSPT) ou la dépression. Reconnaître les signes de problèmes de santé mentale et demander l'aide d'un professionnel peut garantir que les personnes reçoivent les soins et le soutien dont elles ont besoin pour se rétablir.

2. Leçons apprises : identifier les informations clés

Survivre à une tempête hivernale offre de nombreuses leçons précieuses. Réfléchir à ces enseignements peut contribuer à améliorer la préparation et à accroître la probabilité d'une réponse plus efficace lors de futures tempêtes. Voici quelques-unes des principales leçons tirées d'une tempête hivernale :

A. L'importance de la préparation

L'une des leçons les plus importantes tirées d'une tempête hivernale est l'importance de la préparation. De nombreux individus et communautés réalisent après coup qu'ils n'étaient pas aussi préparés qu'ils auraient pu l'être. Qu'il s'agisse de ne pas avoir suffisamment de nourriture, d'eau ou de fournitures d'urgence, ou de ne pas savoir vers qui se tourner pour obtenir de l'aide, le fait de ne pas être préparé peut rendre le processus de rétablissement plus long et plus difficile.

Stocker des fournitures essentielles : une leçon clé est la nécessité d'avoir une trousse d'urgence bien approvisionnée. Les fournitures essentielles comme la nourriture non périssable, l'eau, les médicaments, les piles, les lampes de poche et les vêtements chauds doivent être disponibles bien avant l'arrivée de la tempête. S'assurer que tous les membres de la maison savent où les fournitures sont stockées peut aider à réduire le stress et à accroître l'efficacité en cas d'urgence.

Systèmes d'alimentation de secours : disposer de sources d'alimentation de secours, comme un générateur, peut faire une différence significative pendant une tempête. La perte d'électricité lors d'une tempête hivernale peut priver les gens de chauffage, d'éclairage ou de possibilité de cuisiner. Investir dans un générateur ou dans des systèmes de secours alimentés par l'énergie solaire garantit que les besoins fondamentaux peuvent être satisfaits, même si le réseau électrique principal est en panne.

Planification du transport : Les tempêtes hivernales provoquent souvent des perturbations dans les transports. Avoir un plan pour rester en sécurité pendant une tempête, par exemple savoir quels itinéraires emprunter et si conduire est sécuritaire, est un élément essentiel de la préparation. Il est également recommandé de faire le plein de carburant et d'équiper les véhicules de fournitures d'urgence, telles que des couvertures, une trousse de premiers secours et de l'eau supplémentaire.

B. Le besoin de flexibilité

Si la préparation est essentielle, la flexibilité est tout aussi importante. Les tempêtes hivernales sont imprévisibles et les choses ne se déroulent pas toujours comme prévu. Comprendre que les circonstances peuvent changer rapidement et être capable de s'adapter en conséquence est une leçon précieuse tirée de cette expérience.

S'adapter à l'évolution des conditions : Une tempête peut commencer par une légère chute de neige et se transformer rapidement en blizzard. À mesure que la situation évolue, il est crucial de réévaluer les risques et de prendre des décisions fondées sur les informations les plus récentes. Être flexible permet aux individus de prendre des décisions qui donnent la priorité à leur sécurité et à leur bien-être.

Faire face à l'évolution des délais de rétablissement : après la tempête, le calendrier de rétablissement peut changer en raison de nouveaux défis, tels que des pénuries d'approvisionnement, des problèmes de personnel chez les sous-traitants ou une aggravation des conditions météorologiques. Il est important de rester flexible et réaliste quant au processus de rétablissement, en sachant que des revers peuvent survenir.

C. Construire des liens communautaires plus solides

L'une des leçons les plus profondes tirées des tempêtes hivernales est l'importance d'établir et d'entretenir des relations communautaires. Pendant et après la tempête, les voisins, les amis et la famille peuvent être une source de soutien inestimable. Ces obligations aident non seulement les gens pendant la crise, mais assurent également une résilience à long terme.

Réseaux de soutien mutuel : disposer d'un réseau de voisins et d'amis de confiance qui peuvent aider dans des tâches telles que pelleter les allées, offrir un abri ou fournir de la nourriture pendant une tempête peut faire une différence significative dans la façon dont les individus font face à l'événement. En renforçant ces réseaux, les communautés peuvent devenir plus résilientes face aux futures tempêtes.

Bénévolat et engagement communautaire : Les conséquences d'une tempête font souvent ressortir le meilleur des gens. Le bénévolat et la participation aux efforts de rétablissement communautaire aident non seulement ceux qui en ont besoin, mais favorisent également un sentiment de solidarité et un objectif commun. Cet effort collectif peut contribuer à rétablir la confiance, à créer des liens plus solides et à se préparer aux catastrophes futures.

Collaborer avec les autorités locales : lors d'une tempête, les autorités locales et les services d'urgence sont souvent les premiers intervenants. Travailler avec ces groupes, rester informé via les canaux de communication officiels et suivre leurs conseils peut contribuer à garantir que le processus de rétablissement est coordonné et efficace.

3. Se préparer aux futures tempêtes hivernales : appliquer les leçons apprises

Une fois les leçons tirées de la tempête identifiées et réfléchies, il est temps d'utiliser ces connaissances pour se préparer aux futures tempêtes hivernales. La préparation ne consiste pas seulement à faire des réserves de fournitures, mais implique également de créer un état d'esprit de résilience, d'adaptabilité et d'engagement communautaire.

A. Renforcement des plans d'urgence

Les futures tempêtes hivernales devraient faire l'objet de plans d'urgence plus solides et plus complets. Voici comment améliorer les plans existants :

Mises à jour régulières : mettez régulièrement à jour les plans d'urgence, en vous assurant que les coordonnées des membres de la famille, des voisins et des services d'urgence sont à jour. Examinez les itinéraires d'évacuation, les options d'abris et l'emplacement des fournitures d'urgence pour vous assurer qu'elles sont accessibles et à jour.

Stratégies de communication : Élaborez des stratégies de communication claires pour joindre vos proches pendant une tempête. Dans certains cas, les lignes téléphoniques ou les services Internet peuvent être en panne. Pensez à utiliser des méthodes alternatives, telles que les talkies-walkies ou la messagerie texte, pour rester en contact.

Répétez des scénarios d'urgence : même si cela peut sembler inutile, la pratique des procédures d'urgence, telles que les plans d'évacuation, peut contribuer à garantir que tous les membres de la maison sachent quoi faire en cas de tempête. Cette préparation contribue à réduire la panique et la confusion lorsque la situation est critique.

B. Renforcer la résilience à long terme

La résilience ne signifie pas seulement survivre à une tempête ; il s'agit de prospérer face à l'adversité future. Construire une résilience à long terme implique à la fois une préparation physique et une force mentale.

Fortification des maisons : Renforcer les maisons contre les tempêtes futures est un investissement à long terme qui peut réduire les dégâts. Cela comprend l'ajout d'isolation, l'amélioration des systèmes de chauffage et la sécurisation des fenêtres et des portes. Une maison bien entretenue est mieux équipée pour résister aux conditions extrêmes des tempêtes hivernales.

Préparation financière : la résilience financière est cruciale face aux tempêtes futures. En constituant un fonds d'urgence, en révisant les polices d'assurance et en établissant un plan de redressement financier clair, les individus et les familles peuvent réduire l'impact du stress financier lors d'événements futurs.

Engagement communautaire : les communautés peuvent renforcer leur résilience à long terme en favorisant la collaboration entre les autorités locales, les entreprises et les résidents. Les centres communautaires peuvent proposer des ateliers de préparation aux catastrophes, tandis que les gouvernements locaux peuvent travailler à améliorer les infrastructures et fournir des ressources pour le rétablissement.

C. Amélioration continue

À mesure que de nouvelles informations et ressources deviennent disponibles, il est important d'améliorer continuellement la préparation aux tempêtes hivernales. Cela implique de rester informé des nouvelles technologies, stratégies et politiques qui peuvent améliorer votre capacité à vous préparer et à réagir aux tempêtes hivernales. En particulier, les progrès dans les domaines des prévisions météorologiques, des communications d'urgence et des technologies du bâtiment offrent des solutions prometteuses aux communautés et aux individus cherchant à accroître leur résilience.

Adopter une nouvelle technologie

Les progrès technologiques peuvent améliorer considérablement la préparation aux tempêtes hivernales. L'utilisation d'applications de suivi météorologique en temps réel, par exemple, permet aux individus de recevoir des mises à jour détaillées sur la trajectoire, la gravité et la durée prévue des tempêtes. De nombreuses applications fournissent également des notifications sur les avertissements d'urgence et les ouvertures d'abris, permettant aux individus de prendre des décisions rapides sur la base d'informations à jour.

Un autre domaine d'amélioration réside dans la technologie de la maison intelligente. Les maisons équipées de thermostats intelligents, de détecteurs de fuites et de systèmes de secours alimentés par batterie peuvent maintenir des services essentiels comme le chauffage et l'électricité pendant une tempête, réduisant ainsi la vulnérabilité aux intempéries. En outre, les appareils intelligents peuvent aider les gens à surveiller leur consommation d'énergie et à garantir qu'ils ne consomment pas trop de ressources précieuses comme le combustible de chauffage ou l'électricité lorsque les approvisionnements sont limités.

Systèmes de communication d'urgence améliorés

Face à une tempête hivernale, une communication efficace peut être une bouée de sauvetage. Les gouvernements, les services publics et les services d'urgence adoptent de plus en plus de systèmes de communication numérique, notamment la messagerie automatisée et les mises à jour sur les réseaux sociaux, pour garantir que les informations parviennent au public. Cette technologie peut aider les individus à suivre l'évolution des tempêtes et à prendre des décisions éclairées concernant l'abri et la sécurité.

Les municipalités locales améliorent également leurs systèmes d'alerte d'urgence, fournissant des mises à jour plus précises et immédiates en cas de tempête. L'intégration de services tels que les messages texte, les notifications par courrier électronique et les publications sur les réseaux sociaux peut garantir que les citoyens soient constamment informés des options d'abris, des fermetures de routes et des pannes de courant. Participer à ces systèmes d'alerte et s'assurer que vos coordonnées sont à jour est un aspect essentiel de la préparation future.

Améliorer les infrastructures et les services

Construire des infrastructures résilientes est l'un des moyens les plus efficaces d'atténuer les impacts des tempêtes hivernales sur les communautés. Par exemple, les villes dotées de meilleurs équipements de déneigement, de routes bien entretenues et de réseaux électriques fiables sont mieux placées pour faire face aux phénomènes météorologiques extrêmes. Les communautés peuvent investir dans le renforcement des infrastructures essentielles afin de réduire le risque de pannes et de perturbations des transports.

De plus, il est essentiel de veiller à ce que les services d'urgence disposent de ressources suffisantes et soient capables de répondre rapidement aux défis liés aux tempêtes. Cela peut inclure l'amélioration de la capacité des abris d'urgence, l'augmentation de la disponibilité des services médicaux pendant les tempêtes et la garantie que les entreprises de services publics peuvent résoudre rapidement des problèmes tels que les pannes de courant, les canalisations gelées ou les fuites de gaz.

Développer la résilience psychologique

Au-delà de la préparation physique et des infrastructures, le renforcement de la résilience psychologique est tout aussi important pour survivre et se remettre d'une tempête hivernale. La résilience concerne la capacité à faire face à l'adversité, à maintenir une attitude positive et à sortir plus fort des défis. L'une des leçons tirées de la reprise suite à la tempête hivernale est que les individus et les communautés qui peuvent soutenir leur bien-être mental ont de meilleures chances de rebondir rapidement.

Les programmes axés sur la sensibilisation à la santé mentale, en particulier pendant ou après une tempête, peuvent aider les individus à faire face au stress et aux traumatismes. Des techniques d'enseignement telles que la pleine conscience, les exercices de relaxation et la régulation émotionnelle peuvent aider les gens à gérer leur anxiété et leur peur face à l'incertitude et au danger d'une tempête hivernale. Les groupes de soutien communautaire et les services de santé mentale devraient être rendus accessibles, afin que les gens sachent vers qui se tourner lorsqu'ils se sentent dépassés par le bilan émotionnel d'une catastrophe.

Construire des réseaux de soutien plus solides

Les communautés qui prospèrent pendant une tempête hivernale sont souvent celles qui ont établi des relations solides et solidaires entre voisins. Le renforcement de ces réseaux de soutien est l'une des leçons les plus précieuses tirées des tempêtes hivernales. Des groupes d'entraide peuvent être créés pour aider les voisins dans des tâches de base, comme le déneigement, les livraisons d'épicerie ou la surveillance des personnes vulnérables. Une communication et une planification régulières au sein des quartiers peuvent favoriser une culture de coopération, dans laquelle les gens sont prêts à s'entraider en cas de catastrophe.

Une partie importante de ce réseau consiste à garantir que les personnes ayant des besoins spéciaux, comme les personnes âgées, les personnes handicapées ou les personnes vivant seules, soient incluses dans les efforts de préparation communautaire. Identifier ces personnes à l'avance et créer un plan spécifique pour les surveiller pendant une tempête peut garantir qu'elles ne resteront pas isolées en cas d'urgence.

Renforcer les plans de réponse communautaire

Les gouvernements locaux devraient continuellement évaluer et améliorer leurs plans d'intervention en cas de tempête hivernale en fonction des enseignements tirés des tempêtes passées. La coordination entre les secteurs public et privé, tels que les services publics locaux, les services d'urgence, les écoles et les entreprises, peut contribuer à créer une réponse plus unifiée et plus efficace en cas de catastrophe. Les plans d'urgence doivent être mis en pratique et mis à jour régulièrement, en accordant une attention particulière aux populations vulnérables.

Il est également crucial que les gouvernements et les dirigeants locaux investissent dans l'éducation communautaire. Organiser des ateliers, distribuer du matériel et organiser une formation sur la préparation aux tempêtes hivernales peut contribuer à garantir que tous les membres de la communauté sachent quelles mesures prendre avant, pendant et après une tempête. Éduquer le public sur les itinéraires d'évacuation, l'emplacement des abris d'urgence et la façon de gérer en toute sécurité les pannes de courant peut réduire considérablement la confusion lors d'un événement réel.

Investir dans des stratégies d'atténuation à long terme

Il est essentiel d'investir dans des stratégies d'atténuation à long terme pour bâtir une culture de préparation et de résilience. Ces investissements visent à prévenir ou à réduire la gravité des dommages causés par les futures tempêtes hivernales. Certaines stratégies d'atténuation peuvent inclure :

Améliorer les codes du bâtiment : Veiller à ce que les maisons et les bâtiments soient construits pour résister au poids de fortes chutes de neige ou à la pression de vents violents peut réduire les dommages causés par les tempêtes hivernales. Des renforts structurels comme des pare-neige sur les toits ou une isolation plus solide peuvent rendre une maison plus résiliente.

Améliorer le drainage des eaux pluviales : Une fonte excessive des neiges pendant les tempêtes hivernales peut submerger les systèmes de drainage, entraînant des inondations. Investir dans de meilleures infrastructures de drainage contribue à réduire le risque de dégâts des eaux et d'inondations pendant ou après une tempête.

Considérations liées au changement climatique : À mesure que les régimes climatiques changent, les tempêtes hivernales peuvent devenir plus violentes ou imprévisibles. Il est important de reconnaître les impacts plus larges du changement climatique et d'intégrer ces facteurs dans la planification future. La préparation à des tempêtes potentiellement plus importantes ou à des changements dans la configuration des chutes de neige peut guider les décisions concernant les infrastructures, les codes du bâtiment et l'allocation des ressources.

Se préparer à l'imprévisible

Malgré toutes les leçons apprises, l'un des aspects les plus importants de la préparation aux tempêtes hivernales consiste à accepter que les tempêtes sont intrinsèquement imprévisibles. Même les meilleures prévisions météorologiques et plans de préparation ne peuvent éliminer l'incertitude entourant ces événements. Être mentalement préparé à l'inconnu fait partie du développement de la résilience. Les communautés et les individus doivent s'attendre à l'inattendu et être prêts à s'adapter à l'évolution des conditions.

Rester flexible et adaptable, et comprendre que les plans peuvent devoir être ajustés à tout moment, peut faire toute la différence dans la façon dont les gens affronteront les tempêtes futures. Garder un esprit ouvert et la capacité d'évaluer les situations au fur et à mesure qu'elles se déroulent améliorera la capacité de répondre aux défis imprévus.

Réfléchir à l'expérience de survie et de rétablissement après une tempête hivernale permet aux individus, aux familles et aux communautés d'apprendre de précieuses leçons qui les aideront à se préparer aux défis futurs. La résilience émotionnelle, physique et mentale acquise grâce à cette réflexion peut améliorer la préparation, améliorer les stratégies de réponse et renforcer les systèmes de soutien pour la prochaine tempête. Chaque tempête hivernale présente des défis uniques, mais en adoptant ces leçons et en améliorant continuellement leurs plans, les communautés peuvent devenir plus résilientes et capables de résister à toute tempête qui se présente à elles.

9

Points clés à retenir du manuel d'avertissement de neige : un guide pour se préparer et survivre aux tempêtes hivernales

Comprendre les risques et s'y préparer

L'un des points les plus importants à retenir de ce guide est la nature multiforme des tempêtes hivernales et la manière dont elles peuvent perturber la vie quotidienne. Bien que ces tempêtes puissent sembler être un inconvénient annuel, elles sont bien plus dangereuses qu'il n'y paraît souvent. Comprendre la science des tempêtes hivernales, les risques qu'elles présentent et leur potentiel de causer des dégâts importants est essentiel pour toute personne vivant dans des zones sujettes à ces événements. En reconnaissant les types de tempêtes hivernales – qu'il s'agisse de blizzards, de tempêtes de verglas ou de tempêtes de neige – et la gravité de leurs impacts potentiels, les individus et les familles peuvent commencer à élaborer un cadre de préparation.

Les dangers que présentent ces tempêtes vont au-delà du froid et de la neige. L'impact sur les infrastructures, notamment les systèmes de transport, les lignes électriques et les services d'urgence, peut paralyser une communauté, laissant les familles isolées et vulnérables. Savoir comment se préparer à une tempête, que ce soit en créant une trousse d'urgence, en sécurisant votre maison ou en veillant à ce que les lignes de communication soient ouvertes avec vos amis et voisins, est essentiel pour maintenir la sécurité.

De plus, se préparer aux tempêtes hivernales implique une approche holistique qui prend en compte à la fois les aspects physiques de la survie (tels qu'une nourriture, une eau, un abri et un chauffage adéquats) ainsi que les conséquences émotionnelles et mentales que ces tempêtes peuvent entraîner. Reconnaître que les tempêtes peuvent provoquer de l'anxiété, du stress et même des conséquences psychologiques à long terme est tout aussi important que de répondre aux besoins de survie physique.

L'importance de la santé mentale et du soutien communautaire

Un autre point important du livre est le rôle essentiel que joue la santé mentale pour survivre aux tempêtes hivernales. Le stress provoqué par ces tempêtes est réel. La peur de l'isolement, l'anxiété de ne pas être préparé et la frustration de devoir faire face à des pannes de courant ou à des routes bloquées peuvent avoir de graves conséquences sur l'état mental d'une personne. Se préparer à une tempête hivernale ne consiste pas seulement à stocker de la nourriture et du carburant : il s'agit également de s'assurer que vous et votre famille êtes émotionnellement prêts à relever les défis qu'une tempête hivernale peut entraîner.

Le soutien communautaire joue également un rôle essentiel dans la réduction des effets psychologiques des tempêtes hivernales. Les personnes qui savent qu'elles disposent d'un réseau de soutien, que ce soit par l'intermédiaire de leurs voisins, des services d'urgence locaux ou de leur famille, sont mieux équipées pour gérer la peur et l'anxiété que ces tempêtes peuvent provoquer. Ce réseau de soutien peut fournir plus qu'une simple assistance physique, comme le partage de ressources, il peut également offrir un réconfort émotionnel et des conseils pratiques en période de crise. Construire un environnement favorable autour de vous garantit que personne ne devra affronter seul la tempête, tant physiquement que mentalement.

Rester en sécurité pendant la tempête

Les éléments pratiques pour survivre à une tempête hivernale sont bien entendu primordiaux. Les lignes directrices pour rester en sécurité pendant une tempête – garantir que votre maison est équipée d'un chauffage, d'une isolation et d'une source d'énergie fiable – sont fondamentales. Il est également essentiel de maintenir des protocoles de sécurité pendant la tempête, comme ne pas s'aventurer dehors sauf en cas d'absolue nécessité, rester informé via des canaux météorologiques fiables et garder vos fournitures d'urgence à portée de main.

Un élément crucial de la stratégie de survie est de savoir quand s'abriter sur place. Le danger posé par les changements brusques de temps ou la menace d'une accumulation de neige peut submerger même les individus les plus préparés. Comprendre comment conserver la chaleur, rationner la nourriture et faire face en toute sécurité aux dangers qui peuvent survenir garantira votre sécurité. Cette stratégie nécessite également une prise de conscience de la sécurité personnelle et environnementale, par exemple en évitant l'utilisation de méthodes de chauffage dangereuses comme des poêles ou des radiateurs non ventilés.

Récupération et reconstruction : évaluation des dommages et aller de l'avant

Le dernier segment du livre, axé sur le rétablissement et la reconstruction, montre comment les communautés peuvent se reconstruire après les tempêtes hivernales. La clé à retenir ici est la résilience. La tempête a peut-être causé des dégâts considérables, mais grâce à une évaluation minutieuse, à la priorisation des réparations et aux efforts communautaires, les familles peuvent sortir de ces crises plus fortes qu'avant. Le processus de rétablissement n'est pas toujours rapide ou facile, mais en donnant la priorité aux réparations essentielles, telles que la sécurisation d'un abri et le rétablissement de l'électricité, le chemin du rétablissement peut être parcouru plus facilement.

Le message le plus puissant de cette section est peut-être l'accent mis sur le soutien émotionnel et financier. Le coût physique de la réparation des maisons et des infrastructures n'est qu'une partie de l'équation ; les individus et les familles ont également besoin de soins émotionnels et d'une aide financière pour faire face aux impacts à long terme de la tempête. Que ce soit par le biais de programmes gouvernementaux, de réclamations d'assurance ou d'œuvres caritatives locales, la reconstruction après une tempête hivernale nécessite une approche intégrée pour restaurer non seulement les structures physiques mais également le bien-être psychologique des membres de la communauté.

Réflexions finales : l'importance d'être préparé, de rester en sécurité et de se soutenir mutuellement

Quand on pense aux tempêtes hivernales, il est facile de se concentrer sur la menace physique immédiate : la neige, la glace, le froid. Cependant, comme nous l'avons vu tout au long de ce guide, la survie aux tempêtes hivernales inclut la préparation, la santé mentale et la résilience de la communauté.

Préparation est la clé de la survie

Personne ne peut prédire exactement quand une tempête frappera ni quelle sera sa gravité, mais grâce à une préparation minutieuse, les individus et les familles peuvent s'assurer qu'ils sont prêts au pire. La réalité est que les tempêtes hivernales peuvent frapper sans avertissement et, lorsqu'elles surviennent, chaque minute compte. Il est essentiel de disposer d'un plan d'urgence complet, comprenant non seulement des fournitures matérielles, mais également des stratégies de bien-être mental et émotionnel. C'est pourquoi la préparation à une tempête hivernale va au-delà du simple achat de fournitures : il s'agit de créer un sentiment de préparation, afin que vous puissiez réagir à la tempête en toute confiance, sans paniquer.

La sécurité avant tout

Avant tout, la sécurité doit demeurer la priorité lors d'une tempête hivernale. Bien qu'il soit tentant d'essayer de « supporter le coup », les dangers associés aux tempêtes hivernales sont bien réels. Un abri, de la chaleur, de la nourriture et de l'eau sont les besoins fondamentaux qui doivent être satisfaits. Savoir quand rester à l'intérieur, quand demander de l'aide et quand agir rapidement peut sauver des vies.

Les conséquences émotionnelles et psychologiques d'une tempête hivernale ne peuvent également pas être sous-estimées. Les sentiments d'isolement, d'anxiété et de stress peuvent rendre plus difficile la concentration sur les tâches de survie physique à accomplir. Cependant, comprendre et reconnaître ces sentiments, tant chez vous que chez votre entourage, peut vous aider à rester fort et résilient pendant la tempête.

Le pouvoir du soutien communautaire

Enfin, l'un des points les plus cruciaux soulignés tout au long du livre est l'importance de bâtir un réseau de soutien solide. Personne ne devrait avoir à affronter seul une tempête hivernale, surtout dans une situation d'urgence. Avoir des voisins, de la famille et des amis sur qui compter peut faire la différence entre se sentir dépassé et se sentir autonome. Non seulement ils peuvent aider à accomplir des tâches physiques, comme partager des fournitures ou aider aux réparations, mais ils peuvent également fournir un soutien émotionnel indispensable pendant une période difficile.

L'esprit communautaire est souvent à son plus fort en période de crise. Les gens veillent les uns sur les autres, proposent leur aide et se rassemblent pour reconstruire. Ce lien est vital pour la reprise et pour garantir que personne ne soit laissé pour compte.

À la fin de ce guide, le message général est clair : se préparer, rester en sécurité et se soutenir mutuellement pendant une tempête hivernale n'est pas seulement une question de survie, c'est une question de prospérer malgré les défis que la nature nous lance. Grâce à la connaissance, à la résilience et à la communauté, nous pouvons garantir que lorsque la prochaine tempête surviendra, nous y ferons face non pas en tant qu'individus, mais en tant que communauté unie, préparée et forte.

Les tempêtes hivernales sont une force de la nature que nous ne pouvons pas contrôler, mais avec les bons outils, systèmes de soutien et stratégies de préparation, nous pouvons atténuer leurs effets et en sortir plus forts. Qu'il s'agisse de rassembler des fournitures, de rester informé, de préserver votre santé mentale ou simplement d'être là les uns pour les autres, le principal point à retenir de ce livre est que nous ne sommes jamais vraiment seuls face à une tempête hivernale. Grâce à la préparation et à la solidarité, nous sommes capables non seulement de survivre, mais aussi de prospérer, quelle que soit la tempête.

10

Annexes

Annexe A : Liste de contrôle de la trousse d'urgence pour tempête hivernale

Se préparer aux tempêtes hivernales implique de constituer une trousse d'urgence contenant les fournitures essentielles nécessaires pour survivre et rester en sécurité pendant et après la tempête. Une trousse d'urgence garantit que vous avez accès aux ressources de base dont vous avez besoin en cas de panne de courant, d'isolement ou de perturbations des transports. Vous trouverez ci-dessous une liste de contrôle complète de la trousse d'urgence en cas de tempête hivernale qui doit être adaptée aux besoins individuels mais couvre les composants les plus critiques.

Fournitures de base pour la survie

1. Eau

Au moins un gallon d'eau par personne et par jour pour la boisson et l'assainissement (un approvisionnement de trois jours est recommandé pour chaque personne de votre foyer).

Eau supplémentaire pour animaux de compagnie.

2. Nourriture

Aliments non périssables et faciles à préparer tels que les conserves (légumes, haricots, viandes), les céréales sèches (riz, pâtes) et les barres énergétiques.

Un ouvre-boîte manuel (si vos fournitures comprennent des aliments en conserve).

Aliments diététiques spéciaux (tels que préparations pour nourrissons, collations sans gluten ou aliments pour personnes allergiques).

Des collations riches en énergie comme des noix, des fruits secs ou des barres granola.

3. Chaleur et abri

Des couvertures, des sacs de couchage ou des vêtements chauds pour chaque personne, notamment des chaussettes thermiques, des gants et des foulards.

Un radiateur alimenté par batterie ou un poêle à bois portatif (assurez-vous qu'il est sécuritaire pour une utilisation à l'intérieur).

Des couches de vêtements supplémentaires, notamment des sous-vêtements thermiques, des chapeaux et des vêtements d'extérieur imperméables.

Une tente ou une bâche (au cas où vous auriez besoin de vous abriter sur place à l'extérieur ou dans votre garage).

4. Puissance et lumière

Lampes de poche ou lampes frontales (assurez-vous d'avoir des piles supplémentaires).

Banques d'alimentation supplémentaires pour charger des téléphones portables, des tablettes ou des radios.

Une radio alimentée par batterie ou à manivelle (pour recevoir des alertes météo et des émissions d'urgence).

Des chargeurs solaires ou un générateur portable (si disponible et sûr à utiliser à l'intérieur).

5. Combustible de chauffage

Du bois de chauffage, du combustible pour les lanternes ou du gaz pour un réchaud de camping (si nécessaire et sûr à utiliser à l'intérieur).

Un radiateur portatif fonctionnant sur batterie (assurez-vous qu'il est sécuritaire pour une utilisation à l'intérieur).

Des allumettes, des briquets et un allume-feu (étanche si possible).

6. Trousse de premiers secours

Une trousse de premiers soins complète comprenant des bandages, des antiseptiques, de la gaze, du ruban adhésif médical, des ciseaux, des pinces et des médicaments en vente libre (analgésiques, médicaments contre le rhume).

Médicaments sur ordonnance (conservez-en un mois dans votre trousse, si possible).

Thermomètres et tout autre dispositif médical nécessaire (inhalateurs, tensiomètres).

Manuels de premiers secours ou guides d'instructions.

Outils et fournitures pour la sécurité

1. Outils d'urgence

Un multi-outil ou un couteau utilitaire.

Du ruban adhésif et des feuilles de plastique pour des réparations de fortune ou pour colmater les fuites.

Corde ou cordon pour fixer des bâches, des tentes ou un abri.

Une pelle (pour déneiger les portes, les bouches d'aération et les allées).

Un grattoir à neige ou à glace et un dégivrant de pare-brise pour véhicules.

Une boîte à outils de base (comprenant des pinces, des tournevis et des clés).

2. Hygiène personnelle et assainissement

Papier toilette, lingettes humides et essuie-tout.

Savon, désinfectant pour les mains et lingettes désinfectantes.

Sacs poubelles et sacs en plastique pour l'élimination des déchets.

Produits d'hygiène féminine.

Des toilettes portables ou un seau (si nécessaire) et des doublures supplémentaires.

3. Documents importants

Un dossier étanche pour les documents importants tels que les pièces d'identité, les papiers d'assurance, les dossiers médicaux et les informations financières.

Une liste de contacts d'urgence, y compris les membres de la famille, les voisins et les autorités locales.

4. Articles supplémentaires pour le confort

Livres, cartes à jouer ou autres divertissements pour enfants et adultes.

Articles pour animaux de compagnie, notamment de la nourriture, de l'eau et des laisses.

Un jeu de clés de rechange pour votre maison et votre voiture.

Les espèces (en petites coupures), car les guichets automatiques et les distributeurs de cartes de crédit peuvent ne pas fonctionner pendant les pannes de courant.

Considérations spéciales

1. Besoins médicaux

Assurez-vous que tout équipement médical spécial (appareils CPAP, réservoirs d'oxygène, etc.) dispose de l'alimentation électrique nécessaire.

Gardez une liste des allergies et des problèmes de santé pour chaque membre de la famille.

2. Animaux de compagnie et animaux

Incluez de la nourriture pour animaux de compagnie, de l'eau, des laisses et une literie appropriée pour les animaux de compagnie.

Si vous avez des animaux de ferme, planifiez également leurs besoins en nourriture, en eau et en abri.

Annexe B : Conseils et rappels de sécurité en cas de tempête hivernale

Les tempêtes hivernales comportent divers dangers, notamment un froid intense, une accumulation de neige, une accumulation de glace et des vents violents. Il est important de rester informé et de prendre des mesures proactives pour rester en sécurité. Vous trouverez ci-dessous plusieurs conseils de sécurité et rappels lors de la préparation, pendant et après une tempête hivernale.

Avant la tempête

1. Restez informé

Surveillez les alertes météo via les applications TV, radio ou smartphone.

Inscrivez-vous aux notifications météorologiques locales ou aux alertes d'urgence de votre gouvernement ou des services d'urgence locaux.

Connaissez la chronologie de la tempête et sa gravité potentielle – soyez prêt avant qu'elle ne frappe.

2. Préparez-vous Votre maison

Assurez-vous que votre système de chauffage fonctionne et a été inspecté.

Calfeutrez et scellez tous les interstices des fenêtres et des portes pour éviter les pertes de chaleur.

Assurez-vous que votre toit est en bon état et exempt de fortes accumulations de neige ou de glace.

Faites le plein de produits essentiels comme la nourriture, l'eau et le carburant.

Chargez vos téléphones, tablettes et batteries externes en cas de panne de courant.

Établissez un plan de communication avec les membres de la famille et les voisins.

3. Préparez votre véhicule

Remplissez votre réservoir d'essence et vérifiez les niveaux d'antigel.

Ayez une trousse d'urgence dans votre voiture comprenant des couvertures, de la nourriture, de l'eau, une lampe de poche et des piles supplémentaires.

Gardez votre liquide pour pare-brise rempli et assurez-vous que les essuie-glaces sont en bon état de fonctionnement.

Évitez de conduire pendant la tempête, mais si vous devez le faire, indiquez à quelqu'un votre itinéraire et votre heure d'arrivée prévue.

Pendant la tempête

1. Restez à l'intérieur

Restez à l'intérieur et évitez de voyager sauf en cas d'absolue nécessité.

Si vous devez sortir, portez des vêtements appropriés : superposez-les et portez un équipement imperméable.

Utilisez des radiateurs, mais ne les laissez jamais sans surveillance et éloignez-les des objets inflammables.

En cas de panne de courant, utilisez des lampes de poche ou des lanternes à piles plutôt que des bougies pour réduire le risque d'incendie.

2. Surveiller les conditions

Continuez à consulter les mises à jour météorologiques pour détecter de nouveaux avertissements ou alertes.

Méfiez-vous de la « glace noire » sur les routes ou les trottoirs, car elle est souvent invisible.

Évitez d'ouvrir les portes et les fenêtres pour empêcher l'air froid de pénétrer dans la maison.

3. Prévenir l'empoisonnement au monoxyde de carbone

N'utilisez jamais de cuisinière à gaz, de four ou d'autres sources de chauffage non électriques à l'intérieur.

Assurez-vous que votre générateur fonctionne à l'extérieur dans un endroit bien ventilé, loin des portes et des fenêtres.

4. Faites attention à l'hypothermie et aux engelures

Si vous devez sortir, protégez vos mains, vos pieds et votre visage.

Surveillez les symptômes d'engelures (engourdissement, peau pâle) et d'hypothermie (frissons, confusion, troubles d'élocution).

Après la tempête

1. Vérifiez les dangers

Recherchez les lignes électriques tombées en panne et évitez-les. Supposons que tous les fils que vous voyez sont sous tension.

Vérifiez votre maison pour déceler toute fuite d'eau ou tout dommage structurel causé par la tempête.

Assurez-vous que votre système de chauffage fonctionne à nouveau et que votre maison peut rentrer en toute sécurité.

2. Soyez prudent lorsque vous pelletez la neige

Si vous devez pelleter de la neige, faites des pauses fréquemment et évitez les efforts excessifs.

Utilisez des techniques de levage appropriées pour éviter les blessures (pliez les genoux et soulevez avec vos jambes, pas avec votre dos).

Évitez de pelleter de la neige mouillée et abondante si vous souffrez de problèmes cardiaques.

3. Restez prêt à affronter de nouvelles conditions météorologiques

Restez en alerte en cas de tempêtes supplémentaires ou de baisses de température dans les jours qui suivent la tempête.

Gardez votre trousse d'urgence bien approvisionnée car les conditions peuvent encore être instables.

Annexe C : Ressources pour une formation continue et un soutien

Après s'être préparé aux tempêtes hivernales, il est important de continuer à apprendre et à rester informé. Il existe diverses ressources disponibles pour vous aider à améliorer votre préparation et à gérer les défis qui surviennent.

Ressources gouvernementales

1. **FEMA (Agence fédérale de gestion des urgences)**
   La FEMA fournit des informations à jour sur la préparation aux catastrophes et des conseils de survie aux tempêtes hivernales. Leur site Internet (www.fema.gov) comprend du matériel pédagogique, des plans d'urgence et

des listes de contrôle. L'application de la FEMA fournit également des alertes météorologiques et des notifications d'urgence.

2. Service météorologique national (NWS)

Le service météorologique national (www.weather.gov) fournit des prévisions météorologiques, des avertissements et des avis précis et opportuns concernant les conditions hivernales. Leur site propose également du matériel pédagogique sur différents types de tempêtes hivernales et sur la manière de s'en protéger.

3. Prêt.gov

Prêt.gov (www.ready.gov) propose une gamme complète de ressources de préparation, notamment des préparations aux tempêtes saisonnières, des plans d'évacuation et des conseils de premiers secours.

4. Croix-Rouge américaine

La Croix-Rouge américaine propose des informations sur la préparation et la réponse aux catastrophes sur son site Web (www.croixrouge.org). Ils fournissent des kits en cas de catastrophe, des informations sur les abris et du contenu éducatif sur la sécurité hivernale.

Ressources non gouvernementales et locales

1. Ressources communautaires locales

De nombreux centres communautaires locaux, organisations à but non lucratif et religieuses offrent un soutien en cas d'urgence. Renseignez-vous auprès de votre section locale de la Croix-Rouge ou d'autres organisations communautaires pour connaître les refuges, l'assistance ou les programmes de sensibilisation communautaire. Ces groupes disposent souvent d'informations sur la nourriture, l'eau et d'autres fournitures disponibles pendant et après une tempête hivernale. Ils peuvent également fournir des abris temporaires ou des stations de réchauffement d'urgence en cas de froid extrême.

2. Entreprises de services publics locales

Contactez vos entreprises de services publics locales pour obtenir des conseils de préparation aux situations d'urgence liées aux pannes de courant. Beaucoup proposent des ressources sur la façon de garder votre maison au chaud, de gérer les pannes et de préparer le rétablissement des services. Ils peuvent également donner des conseils pour éviter d'endommager les appareils électriques lors d'un orage.

Les sociétés de services publics mettent souvent en place des lignes d'assistance téléphonique d'urgence pendant les tempêtes hivernales, où vous pouvez signaler les pannes et obtenir des mises à jour sur les efforts de restauration.

3. Croix-Rouge américaine

La Croix-Rouge américaine propose des interventions complètes en cas de catastrophe, des formations et du matériel pédagogique sur son site Web (www.croixrouge.org), ce qui peut être très utile pour se préparer aux tempêtes hivernales. Ils proposent également des cours de premiers secours et des cours de préparation aux situations d'urgence.

Livres et guides de préparation aux tempêtes hivernales

1. "Le manuel de survie en hiver" par L.E. Carmichael

Ce livre offre un aperçu approfondi de la préparation aux conditions hivernales, avec des conseils détaillés sur tout, de la création d'une trousse d'urgence à la compréhension des dangers de l'exposition au froid. C'est une excellente ressource pour apprendre à gérer les tempêtes hivernales en toute sécurité.

2. "Le manuel de préparation aux catastrophes" par Arthur T. Bradley

Une ressource complète sur la façon de se préparer aux catastrophes naturelles, y compris les tempêtes hivernales. Ce guide propose des conseils étape par étape sur la création de plans d'urgence et le développement des compétences nécessaires pour survivre aux événements météorologiques extrêmes.

3. « Quand le ciel tombe : une histoire de tempêtes hivernales » de Jeffrey Smith

Récit personnel de survivants aux tempêtes hivernales, ce livre offre également des informations utiles sur la façon de se préparer aux urgences hivernales. Il se concentre sur les aspects émotionnels liés à la gestion des conditions météorologiques extrêmes et propose des stratégies pour faire face aux tempêtes longues et isolées.

Ressources en ligne

1. Weather.gov (Service météorologique national)

Le site Web du National Weather Service (www.weather.gov) offre des informations détaillées sur la météo hivernale, notamment des alertes, des veilles et des avertissements pour votre région. Leur site propose également du matériel pédagogique sur la préparation hivernale, par exemple sur la manière d'éviter l'hypothermie et les engelures.

2. Les Centres de contrôle et de prévention des maladies (CDC)

Le CDC fournit des ressources sur la façon de rester en bonne santé par temps extrêmement froid, notamment des conseils sur la prévention de l'hypothermie, des engelures et de l'empoisonnement au monoxyde de carbone. Leur site Internet (www.cdc.gov) comprend des articles utiles sur la sécurité pendant les tempêtes hivernales.

3. Applications de préparation aux conditions hivernales

De nombreuses applications météo fournissent des alertes en temps réel concernant la neige, la glace et les températures glaciales. Certaines applications populaires incluent The Weather Channel, AccuWeather et NOAA Weather Radar Live, qui proposent des mises à jour météorologiques, des avertissements et des conseils de préparation.

De plus, l'application FEMA (disponible sur Android et iOS) fournit des alertes en cas de catastrophe, notamment les tempêtes hivernales, et vous permet de suivre l'état des services d'urgence dans votre région.

4. Administration nationale océanique et atmosphérique (NOAA)

La NOAA fournit des données complètes sur les conditions météorologiques, notamment des prévisions et des avertissements de tempête hivernale. Leur site Web offre un accès à des images satellite, à des radars et à d'autres outils pour suivre l'évolution et le mouvement des tempêtes hivernales en temps réel (www.noaa.gov).

Formation et certification en matière de sécurité contre les tempêtes hivernales

1. Cours de formation de la Croix-Rouge américaine

La Croix-Rouge américaine propose plusieurs cours en ligne liés à la sécurité hivernale, notamment les premiers secours de base, la RCR et la préparation aux catastrophes. Ces cours vous aident à développer les compétences nécessaires pour répondre aux situations d'urgence de manière efficace et en toute confiance.

2. Formation sur la sécurité communautaire et l'intervention

De nombreux centres communautaires, écoles et organisations à but non lucratif proposent une formation sur la sécurité lors des tempêtes hivernales. Ces séances incluent souvent des sujets tels que les plans d'évacuation, la mise à l'abri sur place et les premiers secours de base.

Consultez les sites Web locaux ou les pages de réseaux sociaux pour connaître les prochains séminaires, ateliers et webinaires sur la sécurité. Ceux-ci peuvent vous fournir des connaissances pratiques qui pourraient faire toute la différence lors d'une tempête hivernale.

Ressources de récupération après une tempête hivernale

1. Fournisseurs d'assurance

De nombreuses compagnies d'assurance fournissent des informations sur la manière de gérer les dommages causés par les tempêtes hivernales, notamment si les dommages liés aux tempêtes sont couverts par votre police. Votre assureur peut également vous donner des conseils sur les réparations d'urgence, l'obtention d'un abri temporaire et la présentation de réclamations.

2. Centres locaux de reprise après sinistre

Les centres locaux de reprise après sinistre, souvent gérés par la FEMA ou les gouvernements étatiques/locaux, peuvent apporter leur aide pour des tâches telles que des réparations domiciliaires, une aide financière et des conseils juridiques pendant le processus de récupération. Ces centres offrent un endroit où obtenir des ressources et des informations lors de la récupération après une tempête hivernale.

ANNEXES

3. Services de soutien en santé mentale

Les tempêtes hivernales peuvent provoquer des tensions émotionnelles, notamment en cas de déplacement ou de blessure. Recherchez le soutien en matière de santé mentale auprès de conseillers, de thérapeutes ou d'organisations communautaires qui proposent un soutien au deuil et des techniques de gestion du stress pendant les périodes de stress.

De nombreuses organisations de santé mentale disposent de lignes d'assistance téléphonique qui fournissent des services de conseil aux personnes touchées par des catastrophes naturelles.

Ces ressources sont essentielles pour rester préparé et en sécurité pendant les tempêtes hivernales. Des organismes gouvernementaux officiels aux groupes communautaires locaux, chacun a un rôle à jouer pour assurer la sécurité, qu'il s'agisse de préparer votre maison, de maintenir la communication avec vos proches ou d'apprendre à vous rétablir émotionnellement et financièrement après une tempête. Lorsque vous disposez des bonnes informations, vous pouvez affronter les tempêtes hivernales avec résilience, en sachant vers qui vous tourner pour obtenir du soutien et des conseils.

www.ingramcontent.com/pod-product-compliance
Lightning Source LLC
Chambersburg PA
CBHW071537220526
45469CB00003B/820